5编辑部　编
吴璐夙　译

A COLLECTION OF IDEAS

DRIED FLOWERS

怦然心动！干燥花设计与制作

prologue

序言

干燥花*可以让人感受到时光变迁的痕迹。

近年来，人们开始尝试将各种植物制成干燥花。因此，花形设计的范围不断延伸，从一朵花的造型设计到较大体积的花形设计都出现了很多设计方法。

如同插鲜花一样，干燥花的制作工艺也变得更为复杂。本书将围绕“干燥花的插花方法”为主线，向您详细地介绍干燥花的制作方法及制作流程等。

在本书中，您将可以看到37位花店经营者、设计师、艺术家分享的设计及她（他）们富有创意的想法。如果您通过这些创意，对干燥花的制作产生新的认识，我们将不胜荣幸。

* 后文把干燥花统一称为干花。

目录

序言

植物生活（技巧篇）

008 干花的基本制作方法
009 为了长时间欣赏干花
010 使用干燥剂制作干花
012 使用铁丝制作干花束
014 制作小配件完成花环制作的方法
016 玻璃花架的制作方法
018 干燥果实的制作方法
019 树木果实花环的制作方法
020 在壁挂花束上做文章 1 丝带工艺
021 在壁挂花束上做文章 2 上色

植物生活（原创篇）

024 松软到可以飞起来的花束
025 逝去的岁月
026 和活生生的自然的对比
027 仔细观察
028 欣赏不同质感的组合
029 融合到日常的生活中
030 让人心跳的花束
031 存在感强烈的土生土长的花
032 不会褪色的树木果实
033 使用庭院里生长的植物，制作庭园花环
034 绿色植物和花色藤环的绝配组合
035 绿叶和果实好似要飘落下来的壁挂花束
036 森林里仰望的三日月
037 装饰画框
038 装饰于胸前的花束
039 只有干花才有的颜色组合
040 在家里悠闲地制作绿枝壁挂花束
041 虽然很小，但是很有存在感和个性的植物
042 让您提神的颜色：黄色 × 紫色
043 走进童话的花环
044 这样的质感也可以让您欣赏到干花的另一面
045 圆且方的造型：有女人味的花环
046 勇敢无畏的王道花束
047 忍不住心动的色调
048 有活力的糖果色
049 欢欣雀跃的土生土长的花
050 成熟可爱的黄色花束
051 和花束一个款式的胸花
052 分枝壁花：在枝条上重复加上花材
053 着迷的色彩：红色的花环
054 干花也可展现强悍、生机勃勃的一面
055 月亮和水滴
056 持久保存的鲜亮的颜色
057 和植物一起感受时间的推移
058 小花演奏的婚礼花束之歌
059 粉色和奶茶色的颜色渐变处理
060 小村落居住的世界
061 不拘泥摆放位置的镜框花饰
062 生命力爆棚
063 富有质感、华丽的花束
064 时髦的色调
065 多种花材的使用，让您感到欢欣雀跃
066 漂亮浪漫的蓝色花束
067 淡蓝色的绣球花给人一种柔和的印象
068 香草的芳香
069 自由选材设计
070 群绿
071 就像是搬回了森林的一部分
072 假日的季度，要尽情欢乐
073 旅行前的准备
074 鲜艳夺目的色彩
075 夺人心魄的蓝色盒子
076 玫瑰心语
077 温柔满怀的花环
078 喜欢在孩子的房间布置可爱的装饰
079 用小花做的小花环
080 疗伤的花环
081 纯白的满天星花环
082 摇身一变，重获新生
083 主角是粉色的毛莨属植物
084 装作若无其事地表达关切的成年人
085 绣球花和果实的小花环
086 存在感满满的花环
087 珍惜植物本来的面貌
088 银桦壁饰
089 金黄色和白银色的混搭
090 不会褪色的花环
091 冰冷的混凝土上的一抹生机
092 似摇曳不安的心
093 送祝福时使用的花束

094 圆形、温暖的天然花环
095 够酷够靓的造型
096 玻璃球的设计：散发七彩光芒的肥皂泡
097 小尺寸蛋糕模样的花环
098 想象那个人的温柔脸庞
099 身边的饰花
100 手工制作的花环
101 可以制作花环的干花素材
102 铭刻于心的风味
103 利用气球制作的圆形造型
104 感受水的流动
105 和婚礼花束同款的项链
106 和时间一起散落的梦
107 像制作绘本一样排列
108 飘舞的花环
109 花团锦簇的器皿
110 百变的满天星
111 充满幻想的植物
112 植物标本
113 把感谢的心情装进去
114 静静给予陪伴的存在
115 犹如闪闪发光的精致玻璃工艺品
116 鲜嫩的鲜果标本
117 绣球花独自演绎的轻盈立体
118 给小礼品附上心意
119 给空间赋予生命力
120 流淌在季节里的思念
121 空红酒瓶里装入干花
122 以大地色为中心的简扎花束
123 小鸟题材作品
124 享受简约
125 突出花的神韵
126 将植物盛进喜爱的容器里
127 黑色的铁制盒内放入黑色的干花
128 为了永远不忘记
129 无色花草所散发出的张力
130 最爱的花的空间
131 把花材的魅力发散出来
132 枝叶摇曳时的风情
133 花间穿过的风
134 可以多次享受快乐
135 享受花材的创作
136 仿佛被花器牵引着
137 春天，在窗边眺望的风景
138 满目的绿色，春风迎面扑来的清新垂花
139 似蜂蜜、似香水
140 载着满满的巴黎金合欢
141 野生 • 原生态的黄色花环
142 草原上摇曳的草花
143 日向花环
144 住着花田的花环
145 维他命颜色的饰件
146 花蕾的妙用
147 巴黎金合欢和桉树叶的半个花环
148 如同饰件一样令人怦然心动的花环
149 巴黎金合欢和猫柳组合而成的小巧花束
150 盛放于大地上的自然美
151 沉迷于光辉四射的非洲郁金香
152 婀娜多姿且不乏梦幻感的、初夏限定的花环
153 壁挂作品：温柔的蓝色渐变极具风情
154 犹如果子露般的色调
155 当绿色蓬勃的时候
156 夏日里冰爽的干垂花
157 清爽的绣球花花环
158 在月桂树和桉树的香气中舒缓身心
159 大红的着色，小小的红宝石
160 野生干花的和风展示
161 如同绘画一般，自由地放置花草
162 多色相间、秋意盎然的花环
163 温柔守护雏鸟的花环
164 季节感不鲜明的绣球花花环
165 甜美且柔软的壁挂
166 土茯苓和野蔷薇制作的干花环
167 正月里摆放的红白色相间的花环
168 安静的色调，诉说着花材的魅力
169 和花一起收到的令人开心的礼物
170 高贵典雅的花束
171 也有这样构思的造型
172 去寻找森林里的宝物
173 严冬里被冰冻的花环
174 披着白霜的美轮美奂的植物
175 适合装饰室内的小花环
176 一份不起眼的小礼物上搭配一份小花束
177 圣诞节蜡烛的装扮
178 让您嗅觉和味觉充分享受的花环
179 到店必点商品——土茯苓花环
180 棉花上的刺绣
181 严冬里的白色花环
182 季节感满满的蜡烛花环

植物生活（个人篇）

植物生活——技巧篇

一边想象着装饰花束或礼物花束的成品模样，一边有条不紊地完成整个制作过程。双手仔细地操作着，偶尔在脑海里也会浮现某个人的脸庞。从这一页开始，将为您介绍在完成每幅作品时需注意的重要事项。

干花制作技巧篇 01

干花的基本制作方法

方法·制作·解析：高野希 NP

花材·资材

玫瑰花 / 剪刀 / 橡皮筋 /S 形挂钩

01	04
02	
03	

01. 为了使鲜花完美地变为干花，快速的干燥处理最为关键。在梅雨季节，在湿气较重的夏天，在容易结露的冬天，要注意鲜花发霉的问题。

02. 为了使花朵快速烘干，要剪掉多余的叶子和枝条。不要使用盛开的鲜花，干燥处理盛开的鲜花，会使其花瓣脱落。干燥的过程中，花朵也会开放，因此使用花蕾或略微开放的鲜花为佳。

03. 用挂钩把花悬吊起来。一枝花一枝花地挂，或一次挂少量的花束。干燥后，枝条会缩水，因此，如果使用橡皮筋的话，要防止枝条从橡皮筋中脱落。为防止发闷或发霉，一次少量捆扎是关键。

04. 花要悬挂在通风好且避免阳光直射的地方。在配有空调或取暖设备的空间，花会快速干燥。让风循环流动也很重要。干燥玫瑰花等花形小的鲜花，使用带有晾衣架的晾衣房，效果会很好。

为了长时间欣赏干花

方法·制作·解析：高野希 NP

01	02
03	04

可以长时间保存干花的基本要求是，选择避免阳光直射及通风良好的场所保管，要仔细清理灰尘，防止发霉或生虫子。

01. 使用市面上销售的防虫喷雾及硬化液。使用的时候，要注意通风换气，同时要注意周围的火源。这里使用的是非活性合成树脂封贴和防虫喷雾。

02. 含羞草和米花容易脱落，南美玻璃花容易掉毛，而使用喷雾之后，可以防止花落及脱色。

03. 喷雾防水效果较好，不容易吸收湿气，也可以防止发霉。在做好的作品上，喷一下即可完成。

04. 防虫也是长期保存的秘诀。因为喷雾有防止静电的作用，也可以实现防尘。

使用干燥剂制作干花

方法·制作·解析：植物生活编辑部

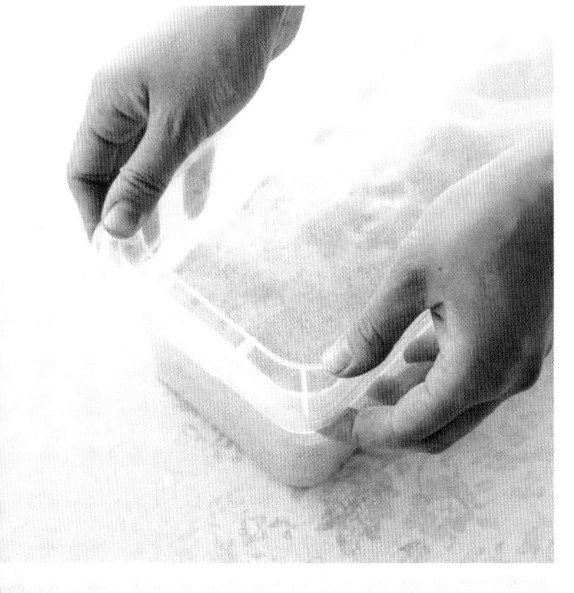

01	04	07
02	05	
03	06	08

如果您想短时间内制作上色快的干花，我推荐您采用下面这个方法。

01. 需要提前准备的东西有：市面上销售的制作干花用的干燥剂、小钳子、小勺子、剪刀、稍大些的可以密封的容器。

02. 从鲜花制作成为干花的步骤如左图。从左到右分别是玫瑰（2 个品种）、黄金球、春兰菊。

03. 在一些花型设计里，是不需要花的枝条和叶子的，这时要将其剪掉，而且要从花的头部剪掉。

04. 在铺有干花干燥剂的塑料容器里，将各类花材排列整齐，然后深埋。

05. 在所有花的上面撒上干燥剂，在花瓣的缝隙里，将小勺子小心地放入干燥剂，花瓣越是娇嫩，越是需要双手温柔地操作，这点尤为重要。

06. 在花瓣的缝隙里全部放入干燥剂后，再从上面向花朵上倒上干燥剂，直到花被全部隐藏。为了让其充分干燥，要多使用些干燥剂。

07. 整体抚平后，盖上塑料容器的盖子，静候一个星期。被埋的花不会从干燥剂上冒出来。

08. 一周以后，黄金球是这样的状态。松松软软的样子，它的状态和颜色都很漂亮。

花材·资材

玫瑰（2 个品种）/ 黄金球 / 春兰菊 / 密封性好的塑料容器 / 制作干花用的干燥剂（硅胶）/ 剪刀 / 小钳子 / 小勺子

使用铁丝制作干花束

方法·制作·解析：高野希 NP

01 02 03 04 05 06 07 08 09

花材·资材

绣球花 / 木百合 / 非洲郁金香 / 麦秆菊 / 勿忘我 / 含羞草 / 绒球花 / 铁丝（#24、26、28）/ 花色胶带 / 长竹棍 / 胶枪 / 剪刀

通过铁丝缠绕干花，可以拉长茎秆较弱或没有茎秆的干花，也可拉长分支较短或没有分支的干花，拓宽作品的宽度。制作花束或胸花的作品时，也同样适用这个方法。

01. 准备需要的东西。铁丝和胶带在一般的五金店也可以购买到。

02. 将铁丝做成 U 形，然后固定在带有分枝的枝条上。

03. 用胶带在铁丝上面进行缠绕。其要点是一边用力一边向下方进行缠绕。胶带的颜色要选择适合花色、枝条色或干花用途的颜色。

04. 体积较大且较重的花形，要使用细棒托住（这里使用两根竹棍）。用铁丝将竹棍和枝条仔细缠好。

05. 缠完铁丝后，缠胶带。为了更好地进行固定，在胶带的上面，再加一层铁丝。

06. 剪掉弯曲的枝条，使用铁丝拉长。对于茎秆较短的干花，也可以使用铁丝和胶带进行缠绕。

07. 对于没有茎秆的干花，可以使用黏合剂用喷枪将铁丝安装在干花上。将铁丝的一端做成一个圆环形状，再弯曲 90 度。这个方法适合类似麦秆菊这种体积较轻的花。

08. 在干花的茎秆部涂上胶水，然后放入铁丝的圆环里。等到胶水完全晾干后，缠上胶带。

09. 完成。

制作小配件完成花环制作的方法

方法·制作·解析：中本健太

01	04	07
02	05	
03	06	08

花材·资材

桉树（银水滴、小桉树）/ 石松 / 银桦（Ivanhoe）/ 蓝桉 / 树木的果实 / 花环的藤环

01. 根据要制作的花环的大小及颜色等，来选择藤环。花环制作完成后，从背面可以看到一点藤环，因此要选择和花环的颜色相近的藤环。

02. 将细绳缠绕在藤环上。 除了细绳外， 选择一些适合花环氛围的丝带、铁丝、藤枝、毛线或碎布，也是件有趣的事情。

03. 将几种绿色的叶子捆扎做成一小束一小束的。因为是将小束绿叶组合在一起做成花环的形状，因此需要根据要制作的花环的大小来确定小束绿叶的数量。绿叶干燥后体积会缩小，考虑到希望隐藏内部的藤环，因此会故意将绿叶稍做大一些，制作成扇形。

04. 在细绳缠好后的藤环上，装上各种配件。安装的方向可以是顺时针，也可以是逆时针。相片上是按照逆时针方向安装，完成的时候就变成顺时针方向了。

05. 用铁丝将小束绿叶的根部捆扎在藤环上。这时，注意要用力缠好铁丝，避免小束绿叶偏离方向。当一个小配件固定好后，铁丝不剪断，将可以看到的捆扎部位隐藏起来，然后继续固定下一个小配件。相同的操作反复进行。

06. 花环的侧面也要注意，避免侧面看过去时，会看到里面的藤环。如果发现可以看到里面的藤环或一些小配件位置错位时，可以调整绿叶的角度。

07. 将各种小配件一个挨一个安装好，做成花环的形状。如果想加上一些分量较重的果实，最好粘在小束绿叶的位置。

08. 用胶枪将体重较轻的果实或纤细的干叶固定在藤环上。如果将果实或干叶固定到叶子上面，或胶水不够的情况下，当胶水干的时候，它会马上脱落下来。因此，要确保固定在安全的地方。在完成这幅作品的过程中，要注意整体的均衡对称。

玻璃花架的制作方法

方法·制作·解析：植物生活编辑部

01	04	07
02	05	08
03	06	

01. 准备喜欢的花材和玻璃架。

02. 从玻璃架的下方开始，按顺序向玻璃架里放入花材。

03. 在仔细观察实物（这里使用的是市面上销售的万寿菊）和干花的颜色之后，再来考虑作品的构思。

04. 要考虑野花的存在感和花瓣的色泽搭配布局，同时要注意整体的平衡感，这一点很重要。要注意四角及上下不要偏斜。

05. 在玻璃架的反面，摆放枝条，可以有效地固定住干花。在位于对角线上的花和花的缝隙里，将枝条交叉放入，就可以确保恰到好处的缝隙，同时防止干花的移位。

06. 夹上松软干燥的烟树，可以将缝隙填满。在色泽艳丽的干花的周围放入烟树的话，会有一种柔软的感觉。

07. 背面会变成这个样子，花材也不会脱落。

08. 完工。

花材·资材

玻璃架、市面上销售的万寿菊、多个品种的干花

干花制作技巧篇 07

干燥果实的制作方法

方法·制作·解析：高野希 NP

01	02
03	04

05

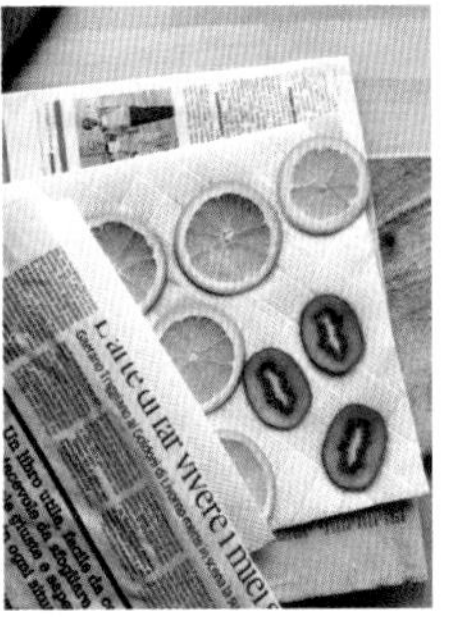

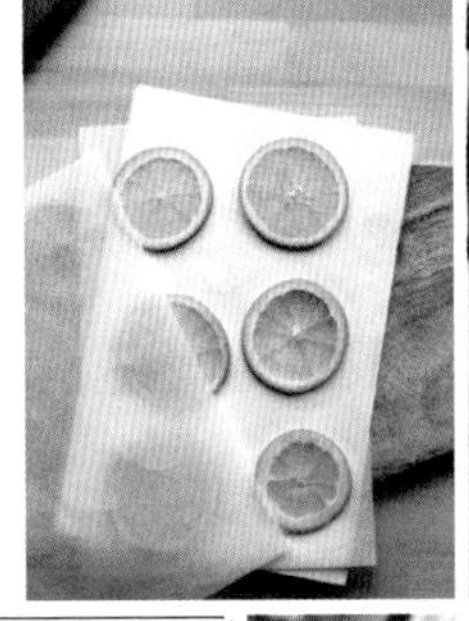

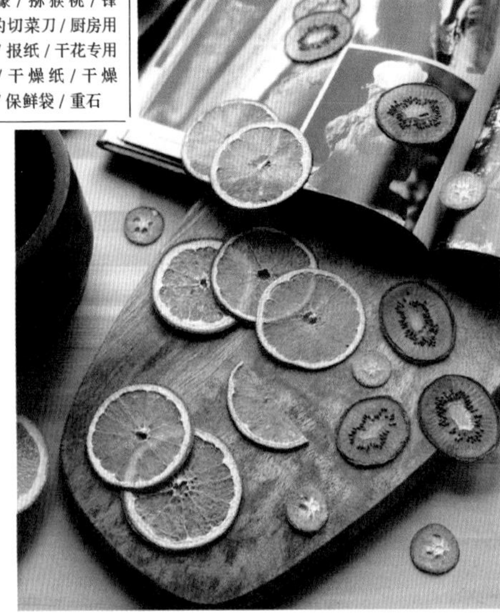

如果能巧妙地掌握干燥果实的要领的话，其实果实的干燥也没那么难。我推荐大家使用干柠檬片及干猕猴桃片来制作。

01. 用锋利的刀将新鲜的水果切成 3 ~ 5mm 的小薄片。需要注意一点，如果切得太薄，水果片容易破损，如果切得太厚，需要花费较长的时间来进行干燥。

02. 用厨房用纸来充分吸收切好的水果里的水分。将切好的水果夹在略厚一些的报纸和厨房用纸之间，然后将杂志压在上面，来吸收水果里的水分（大约需要半天时间）。柠檬的果肉用手指弄碎一些会更好。这个步骤的要点是，报纸和厨房用纸被打湿后，要马上更换干净的报纸和厨房用纸。更换的频次大概是 1 ~ 2 小时更换 1 次。

03. 水果的水分被去掉一些后，将其夹到专用的干花薄纸里。将干燥纸、垫纸、水果层层夹住，水果和水果之间留一定的距离整齐排列。使用专用的干花薄纸的话，可以实现快速干燥和完美着色。

04. 叠上几层，放入专用的袋子（保鲜袋）里，之后放上重石。因为干燥薄纸会马上吸住水分，因此如果干燥薄纸被打湿后，就放到微波炉进行干燥处理（使用微波炉干燥薄纸的时候，要提前阅读注意事项，以便安全使用），然后再使用。这样的操作反复进行。准备 2 套干燥纸会比较方便。

05. 这个环节的诀窍是频繁更换干燥薄纸。检查柠檬干燥完成的标准是看里面的小果肉是否完全干燥。将干燥剂（硅胶）和干柠檬一起放入保鲜袋进行保存。金橘、草莓、火龙果等水果也可以简单地制作。这些以欣赏为目的而制作的干果作品，不能够食用。

花材·资材

柠檬／猕猴桃／锋利的切菜刀／厨房用纸／报纸／干花专用纸／干燥纸／干燥剂／保鲜袋／重石

树木果实花环的制作方法

方法·制作·解析：中本健太

花材·资材

金峰树 / 树熊草 / 银桦 / 夜叉五倍子 / 伞房决明的果实 / 棉花 / 树木果实 / 花环的藤环 / 铁丝

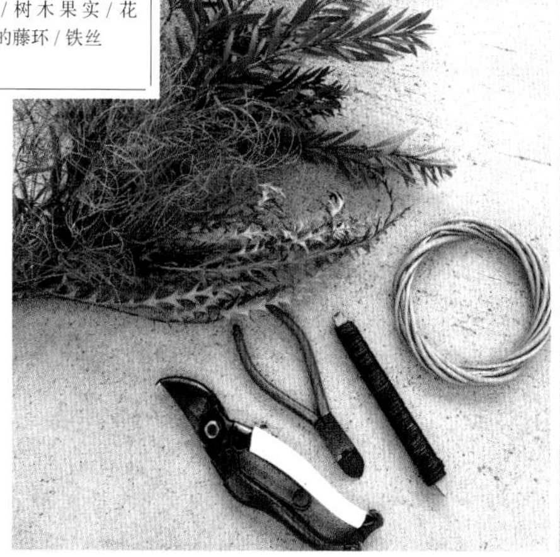

01	02
	03

04	06
05	

01. 准备几种绿色植物、钳子、铁丝及花环的藤环。

02. 将绿色植物做成小束，用铁丝缠绕在藤环上。

03. 重复 02 的操作。注意要隐藏藤环和铁丝。

04. 注意随时调整叶子的方向，基本操作完成。

05. 在注意树叶的形态和颜色保持平衡的同时，逐个加上树木的果实。

06. 使树木的果实和树叶保持整体对称后，就可以完工了。

干花制作技巧篇 09

在壁挂花束上做文章1 丝带工艺

方法·制作·解析：高野希 NP

花材·资材

花束/麻绳/花色胶带/棉丝带/铁丝/扁嘴钳/剪刀

01	
02	03
04	

01. 用麻绳等用力地缠紧花束，用铁丝缠绕山龙眼植物等大型花束或茎秆、枝条较粗的花束后，再用扁嘴钳拧紧，这样不容易松散。

02. 在麻绳或铁丝缠绕过的地方，缠上花色胶带，要稍用力地进行缠绕。适当地用力会防止丝带的松散。

03. 为遮住胶带不外露，在胶带上面缠上丝带，胶带缠到最后的地方，也要注意胶带不会外露。

04. 用力扎紧后，就算是完工了。系丝带的方法无特别要求，自由决定，但要注意丝带和干枝叶之间的协调性。棉、丝、皮革等有自然风味的素材，也是个不错的选择。

在壁挂花束上做文章 2　上色

方法·制作·解析：高野希 NP

01

02

03

01. 根据不同花材，可以给干花上色。在喷漆之前，要擦拭枝叶上的灰尘或杂物。可以去建材市场选购娱乐用途的喷漆材料。

02. 将干花枝叶摆放在报纸上，喷上自己中意的颜色。这项操作要在天气好的时候去户外进行。要注意叶子的表面、里面和侧面的上色效果，喷完漆后，要放在通风良好的地方风干。

03. 风干后，叶子的线条和形态会变得更加突出，一幅绝妙的作品完成了。因为是摆放在室内欣赏，因此建议使用无味的涂料。您会从这幅作品里发现其他干花作品无法表现的视觉冲击力。

花材·资材

散尾葵 / 铁树 / 棕榈 / 白色颜料 / 金色颜料

植物生活——原创篇

这章展现的作品是 37 名艺术家在一年四季里与干花草的朝夕相处中，产生出的灵感。他们怀着一份享受自然的心态，完成了各自的作品。

松软到可以飞起来的花束

花材·资材

斑克木 / 红花银桦 / 大阿米芹 / 荠菜 / 桉树（蓝宝贝）/ 蒲苇 / 铁树 / 银鸡羽毛

方法·制作·解析：高野希 NP

制作一个简朴的造型，展现出斑克木的色泽和叶子的形态。粉色的尾巴起到了点缀的效果。铁树和羽毛相搭配，看起来像鸟儿的翅膀。这里制作的技巧是，体积较大的干花要用铁丝用力捆扎好，避免松散。这个造型的关键点是使用不过分夸张的颜色搭配。

方法·制作：山本雅子　摄影：宫本刚照片事务所

可以通过花的造型来表现生和死。这幅作品将干花比拟为遗骸，给人一种在恒河上漂流而去的印象。各式各样颜色的花材和河流上匆匆流逝的“时间”，作者通过干花表现出的生死观，让人强烈地感受到“有”和“无”的对比。

花材·资材

蒲苇 / 白花蔷薇

花材·资材

镜框 / 干花专用的花架 / 蒲苇 / 德利椰子 / 白花蔷薇 / 散尾葵 / 芭蕉 / 莲蓬 / 玫瑰 / 绣球花 / 班克希亚 / 鸡冠花 / 桉树·多花桉 / 柠檬叶子

方法·制作：山本雅子　拍摄：宫本刚照片事务所

通过漂流在河里的干花，来表现时间的流逝。这件作品尝试着展现干花在白云下、绿水间生活的姿态。虽然使用了很多的花材，但是，作者在用心地让色调搭配和谐。

和活生生的自然的对比

仔细观察

方法·制作：田部井健一

使用不被大家经常选用的花材，反而可以展现出不同的一面。在花材选择上，除了选用干花以外，还可以选择一些弯曲的茎秆及有趣的叶子，在欣赏它们美妙姿态的同时，也可以摆放出一幅画的效果。

花材·资材

红掌 / 大丽花 / 白头翁

欣赏不同质感的组合

方法·制作：深川瑞树

将桉树和斯特林基亚逐个安装在缠有布条的藤环上。在结束的部位，点缀上白花花束，形成一个简单朴素的设计造型。将一个个的小花束装上以后，这个花环就显得更加美丽了。

花材·资材

桉树 / 斯特林基亚 / 新娘花 / 木百合 / 布 / 花环藤环

融合到日常的生活中

方法·制作：山下真美

集天然和时尚于一体的花束。主打色为大地色。可以挂在墙上，也可以像一般花束一样手持，造型简朴。将斑克木分组加入，虽然有些简单，但这个设计却给人一些视觉上的冲击。这个作品的关键点是，通过加入颜色还未转变为柠檬色的绿色的酸浆果，突出天然的感觉。

花材·资材

斑克木 / 普罗蒂亚木 / 桉树（四方桉）/ 酸浆果 / 狗尾巴草 / 斯特林基亚 / 红花银桦（淡色系）/ 稗

让人心跳的花束

花材·资材

木百合 / 石南茶 / 蓝刺头 / 合田草 / 蒲苇 / 百合的果实

方法·制作·解析：高野希 NP

将拥有不同美丽的干花简单地组合，让美丽加倍呈现。

存在感强烈的土生土长的花

方法·制作·解析：高野希 NP

这件作品适合作为祝福礼物送给男性公司老板。使用皮革捆扎手柄，给人一种紧绷的感觉，同时也增加了一些题材的要素进去。在一根枝条上用铁丝加上一些干花，做成长条形状。

花材·资材

普罗蒂亚木（niobe）/ 斑克木·花蕾 / 桉树（果实）/ 绒毛球花 / 木百合 / 红花银桦（Ivanhoe、淡色系）/ 宿根勿忘我 / 蒲苇 / 皮革带 / 羽毛

不会褪色的树木果实

方法·制作·解析：中本健太

将各种形状的树叶混合在一起，构建起框架，然后再点缀一些富有天然气息的树木的果实。肉桂和八角的甜甜的香味、秘鲁胡椒的辛辣的香味、蓝桉的薰香，让人的心灵可以稍感慰藉。将金峰树、莎草科植物、安道尔叶三种枝叶捆扎成一小束一小束的，连结成花环的形状。注意要适时调整每束枝叶的大小，同时要注意展现枝叶最美的一面。

花材·资材

金峰树 / 莎草科植物 / 安道尔叶 / 秘鲁胡椒 / 桉树·蓝桉 / 肉桂 / 八角 / 月桃 / 夜叉五倍子 / 厚叶石斑木 / 核桃 / 树木果实 / 藤环

方法·制作：SiberiaCake

将主要的花材百日草呈对角线放置，将黑心菊的花蕊布置在关键位置后，就可以收紧整体花环了。该作品使用蕨和土当归的果实，使得整体花环的轮廓不会显得呆板。

花材·资材

柏叶绣球花 / 百日草 / 黑心菊 / 松虫草 / 八仙花 / 铁线莲 / 胡萝卜花 / 合田草 / 土当归 / 蕨

使用庭院里生长的植物，制作庭园花环

绿色植物和花色藤环的绝配组合

方法·制作·解析：高野希 NP

将葛藤一圈一圈地缠绕，构建成框架，之后再搭配上绿色植物。将星花轮峰菊也一起藏在花环的内侧和下方，可以呈现花环的立体感。虽然这份天然的作品很简单，但是欣赏不同树叶的形状和颜色是件有趣的事情。一年四季都可以长时间挂饰也是这份作品的魅力之处。

花材·资材

洋槐·蓝色相思 / 蓝冰柏 / 桉树（多花桉、杏仁桉）/ 安道尔叶 / 红花银桦 / 绒球花 / 斯特林基亚 / 宿根勿忘我 / 星花轮峰菊 / 木防己 / 葛藤 / 樱花

绿叶和果实好似要飘落下来的壁挂花束

花材·资材

黄连木 / 桉树（杏仁桉、多花桉的花蕾、大叶桉）/ 厚·石斑木 / 绣球花 / 夜叉五倍子 / 皮革带

方法·制作·解析：中本健太

纤细的绿叶配上古董一样的颜色，即便干燥后，也会很好看。为了衬托线条的美感，将植物的温暖和混凝土石块进行对比呈现。该作品希望让欣赏的人能感受到不一样的故事。将一小束一小束枝叶并排排列起来，最上面摆厚一些的，越往下越细小。作品的中央，多放一些树木的果实，在其左右再点缀一些暗红色的绣球花。

森林里仰望的三日月*

花材·资材

蓝冰柏 / 桉树（多花桉的花蕾、蓝桉、四方桉）/ 杜松子 / 乌桕 / 树木果实 / 木材 / 藤环

方法·制作·解析：中本健太

使用森林里生长的树木的果实、针叶树，以及漂流在小河里的木材，来表现三日月的静穆与柔和之美。为勾勒出三日月的轮廓，要按顺序排列小束的针叶树的枝叶，在枝叶的缝隙里，插入树木的果实。慢慢地插入带有纹路的木材，会增加一些乐趣，使作品更加生动。

* 三日月：是让无数动漫迷痴狂的日本最美的太刀。"三日月"这个名字据说得自于沿刀纹排列的半月形花纹（译者注）。

装饰画框

方法·制作：田部井健一

在古董气息较浓的木框里，塞满天然气息扑鼻的干花和树木的果实。为了突出画框的效果，干花和果实不要溢出正方形的木框。同时要通过花材高低不平的布置，和烘干的铁兰的摆放，来制造一份天然的氛围。

花材·资材

蓝刺头 / 绣球花 / 千日红 / 黑种草的果实 / 黑莓 / 风梨 / 刺芹 / 绒毛饰球花 / 棉花籽 / 麦秆菊 / 八角 / 木质花艺镜框 / 芬兰苔藓

装饰于胸前的花束

方法・制作：深川瑞树

现在看起来也还有一种破碎、忧伤、可怜的白色的花，如果穿上心仪的衣服，再将其轻轻地放到胸前，会有不一样的感觉。

花材・资材　新娘花 / 木百合 / 勿忘我 / 布

只有干花才有的颜色组合

方法・制作：Nozomi Kuroda

这个造型给人一种蓬勃生机的感觉，却又不失稳重。干花放入的顺序很重要。选择一个高点的花瓶，里面塞一些纸团。花瓶的口部使用莲蓬和普罗蒂亚木进行固定，洋槐等体积较大的干花插在后方，中心区域插入一些体积较轻的鸡冠花等干花。调整一下整体的平衡感，突出一下重点后，再挂上有流线感的松黄凤梨，最后在它的上面放入一些桉树果实进行固定。

花材・资材

鸡冠花 / 莲蓬 / 米花 / 洋槐 / 木百合 / 普罗蒂亚木 / 桉树（四方桉）/ 松黄凤梨

在家里悠闲地制作绿枝壁挂花束

方法·制作·解析：高野希 NP

夏季的一个雨天，这样的日子适合窝在家里做点什么。一边聆听着窗外的雨声，感受着清爽的凉风，一边开始制作。只需要注意一下作品的长度和枝叶的方向，这件作品就会很有条理。同时要注意呈现宿根勿忘我的华贵和宽度。

花材·资材

普罗蒂亚木 / 红花银桦（淡色系）/ 石南茶 / 黑种草 / 桉树（蓝宝贝）/ 宿根勿忘我（蓝色幻想）/ 狗尾草 / 蒲苇

虽然很小，但是很有存在感和个性的植物

方法·制作·解析：高野希 NP

将一片红花银桦的叶子摆放在最下层。整体氛围一致的话，会给人一种温柔的感觉。用棉质的飘带可以增加生锈的感觉。这件作品最适合摆放在做旧风格的迎宾区。

花材·资材

石南茶 / 星花轮峰菊 / 绒毛饰球花 / 黑种草 / 古尼桉 / 红花银桦（淡色系）/ 宿根勿忘我 / 蜡花

让您提神的颜色：黄色 × 紫色

方法·制作·解析：高野希 NP

这幅作品无论放到哪里，都会给您带来一份明亮的心情。制作的要点是要加一点稗，即便加一点点，也会让整个花束变得华丽。在花材组合设计的时候，可以考虑颜色的渐变。

花材·资材

含羞草 / 石南茶 / 勿忘我 / 黑种草 / 红花银桦 / 木百合 / 薰衣草 / 小判草 / 兔尾草 / 稗 / 满天星 / 宿根勿忘我 / 桉树（杏仁桉）/ 蒲苇

走进童话的花环

方法·制作·解析：高野希 NP

在塞满细小果实的花环里，缠上松软的植物。很多不可思议的形状的果实不会让您看厌。使用胶水将果实一个一个地粘在藤环上，为了不让大家从外面看到胶水，最后需要用小钳子小心地处理，这是这件作品的关键所在。在花环的内侧和外侧要根据植物的走向进行调整，以突显立体感。

花材·资材

莲蓬 / 绒毛饰球花 / 绒球花 / 黑种草 / 桉树·毛叶桉 / 月桃 / 羊耳朵花 / 狗尾草 / 兔尾草 / 冰岛苔藓 / 烟树 / 松黄凤梨

这样的质感也可以让您欣赏到干花的另一面

花材·资材

木百合 / 蒲苇 / 石南茶 / 星花轮峰菊 / 绒毛饰球花 / 斯特林基亚

方法·制作·解析：高野希 NP

使用银青色的木百合和松软的植物，可以做成不一样的质感。去除木百合背面的几片叶子后，调整一下整体的平衡，注意不要将花束倒置。可以将叶子多露出来一些，以便可以欣赏到它的美。

圆且方的造型：有女人味的花环

方法·制作·解析：中本健太

这件作品的外观造型设计了四个宽大的角，可以让人们从不同角度欣赏它的美。作品利用方形的框架，将整体分成了4个部分，操作时要注意整体的协调感。为了不显得单调，在部分区域放入了着色的山茶花。结合色调和分量的搭配，将山茶花和洋槐一一放入，让其互为衬托。增加明亮的灰色，可以加深直观度。

花材·资材

山茶花／洋槐／绒毛饰球花／雪晃木／桉树（毛叶桉、桉树果）／藤环

勇敢无畏的王道花束

花材·资材

普罗蒂亚木 / 绣球花 / 桉树·细叶桉 / 米花 / 刺芹 / 安道尔叶

方法·制作：riemizumoto

这件作品具有干花独有的色泽，同样适合以白墙为背景。在透明的玻璃花瓶里，配上一些干花独有的颜色和素材制作而成。

忍不住心动的色调

方法·制作：田部井健一

温柔得有些暗沉的中间色调，可爱的氛围里也透出几分大人的成熟。这件作品的要点是选用一些颜色可以对比的花材，从纯白到米白、奶油白等各种白色，也可以选用银绿色、淡绿色等。

花材·资材

鼠尾草 / 菊花 / 兔尾草 / 桉树 / 宿根勿忘我（蓝色幻想等）/ 千日红 / 荠菜

有活力的糖果色

花材·资材

蒲苇 / 尾草 / 木百合 / 含羞草 / 金槌花 / 千日红 / 勿忘我 / 绒球花 / 兔尾巴 / 银苞菊

方法·制作·解析：高野希 NP

这件花束作品凭借圆圆的果实及轻飘飘的糖果色，来吸人眼球。粉蜡笔的色调，让您仅看上一眼就可以感受到温暖。千日红要分开放入，绒球要用铁丝进行缠绕。

欢欣雀跃的土生土长的花

方法·制作·解析：高野希 NP

土生土长的花的魅力在于数年以后仍保持最初的模样。标点符号一样的外形，无论是摆放在哪里，抑或是插入花瓶，都很可爱。为了让花的外形小巧一些，将银桦的叶子整理后放入。这件作品的要点是在大型花和普通花的中间，放入一些小型的植物果实。

花材·资材

斑克木（花蕾）/ 木百合 / 绒毛饰球花 / 石南茶 / 红花银桦 / 新娘花 / 莲蓬 / 星花轮峰菊 / 黑种草 / 兔尾草 / 含羞草 / 小判草 / 刺芹 / 蒲苇 / 稗子 / 桉树 / 珍珠鸡的羽毛

成熟可爱的黄色花束

花材·资材

斑克木（花蕾）/ 狼尾草 / 石南茶 / 蓝刺头 / 麦秆菊 / 新娘花 / 绒毛饰球花 / 桉树（银水滴、桉树果）/ 黑种草 / 小判草 / 宿根勿忘我（蓝色幻想）/ 蒲苇

方法·制作·解析：高野希 NP

这件干花作品适合婚礼预拍时使用。结婚仪式当天，放置在迎宾区。选择花材时，不要选用尖尖的叶子，要选用圆形的叶子。用绳线提前绑好麦秆菊及新娘花等茎秆较脆弱的花，和斑克木周围的小花，这样一束美丽的花束就制作完成了。

和花束一个款式的胸花

方法·制作·解析：高野希 NP

花束和胸花的组合设计是发挥大家创造力的好机会。新郎的胸花虽小，但给人印象深刻。这个尺寸可以激发艺术家的创造欲望。

花材·资材

石南茶 / 蓝刺头 / 麦秆菊 / 绒毛饰球花 / 兔尾草 / 红花银桦 / 宿根勿忘我（蓝色幻想）/ 小判草 / 珍珠鸡的羽毛

分枝壁花：在枝条上重复加上花材

方法·制作·解析：高野希 NP

将花材做成小束，之后固定在枝条上。用铁丝将多肉植物和凤梨捆扎起来，然后，一边关注整体的平衡感，一边固定在枝条上。细小的花和羽毛插入已经固定好的铁丝里。这件作品给人一种手绘线条的感觉。凤梨和多肉植物很适合做成干花，再配上个性感极强的枝条，无论横着摆还是坚着摆，都可以让人享受到随心所欲制作的乐趣。

花材·资材　樱花的枝条 / 桉树（银水滴、蓝桉、多花桉）/ 兔尾草 / 小判草 / 凤梨（松萝凤梨及其他一种）/ 多肉植物 / 雉鸟的羽毛

着迷的色彩：红色的花环

方法·制作：深川瑞树·Hanamizuki

溢于言表的心情，内心深藏着激情……您看到红色，会是什么样的心情？就似那从天而降的三日月上镶嵌着的宝石。

花材·资材　斯特林基亚 / 木百合 / 银桦 / 桉树 / 三日月月牙形藤环

干花也可展现强悍、生机勃勃的一面

花材·资材

黄连木 / 桉树（杏仁桉、大叶桉、银水滴、桉树果、毛叶桉、多花桉的花蕾）/ 安道尔叶 / 澳洲木梨果 / 麻布

方法·制作·解析：中本健太

这幅作品采用了富有个性的实物和绿色植物。在强悍、生机勃勃的整体基调里，通过温柔的颜色和松软的质感，也可以表现其柔软的一面。在制作花束的过程中，要注意焦点的设计和高低差的处理，在结束的部位，扎上略显存在感的澳洲木梨果，让其成为整幅作品的亮点。使用麻布进行简单的捆扎，会体现一种自然的风格。

方法·制作：flower atelier Sai Sai Ka　摄影：松本纪子

仰望天空、远眺清月的人们，一定怀着不同的情愫吧。这件花环作品将人们的内心比拟为水滴，希望为人们的生活增添一些故事。解开土茯苓花环之后，制作成一个月牙形的框架，离前端越近，花材越细小，就像一轮三日月月牙的形状。

花材·资材

补血草 / 铁线莲 / 秘鲁胡椒 / 袋鼠花 / 针垫花 / 宿根勿忘我 / 木百合 / 罗汉柏 / 满天星 / 绣球花（后面3个花材为保鲜花）

月亮和水滴

持久保存的鲜亮的颜色

方法·制作：MIKI　摄影：相泽伸也　合作：坂田笃郎·Adohuoto

这件干花花束作品的主要素材是棕榈花。为了让白色更加显眼，加入了一些鲜艳的红色和紫色的花朵。

摄影时要控制光线的亮度，尽量使用自然光进行拍摄，这样可以将花束的颜色表现得更加自然。每一朵花都有其独特的美，在拍照时，不仅要关注花束整体的效果，也要留意展现每一朵花的美。

花材·资材　棕榈花 / 玫瑰 / 勿忘我 / 兔尾草 / 桉树 / 银苞菊

方法・制作・解析：中本健太

这件花束采用了外形酷似装饰品的柠檬的果实，适合装饰在墙壁上。该作品外形时尚，色调一致，颜色亮丽。放置一段时间后，木百合会相继盛开，同时也会出现一些绒毛。白粉藤的质感和颜色也会发生变化，会是不一样的氛围。扎上红花银桦、地中海荚蒾、木百合后，在花束的侧面插入玉蝉花的果实。这是一个不对称的造型，但要注意整体的平衡。在结束的部位，缠上粉藤，下垂的枝叶略显空间感和动感。

花材・资材

银桦 gold/ 地中海荚蒾 / 木百合 / 玉蝉花的果实 / 粉藤

和植物一起感受时间的推移

小花演奏的婚礼花束之歌

方法・制作：田部井健一・Blue Blue Flower

这幅作品大量选用细小的花材，而避免使用大型花材，适合装饰自然风格的婚礼。在制作过程中，要温柔细致。即便是一些小型的花，在组合大量不同质感的小花时，要对它们进行不同的处理，才可以展现花卉的雀跃感。

花材・资材　石南茶 / 刺芹 / 薰衣草 / 荠菜 / 兔尾草 / 满天星 / 黑种草的果实 / 蓝色幻想 / 勿忘我 / 桉树・南非柳叶桉 / 红花银桦

粉色和奶茶色的颜色渐变处理

方法·制作：莞金有衣

这件保鲜花花环作品采用了奶茶色的绣球花和粉色的玫瑰花。在制作的过程中，要注意处理好整体的均衡对称，避免让玫瑰花太抢眼。这份作品在设计时考虑了粉色和奶茶色的渐变效果。

花材·资材 | 绣球花 / 玫瑰

方法·制作·解析：中本健太

在绵毛一样松软柔和的石南茶上，配搭上蛇目菊的小花、八仙花及棕色的大叶桉，一个家的模样就浮于眼前。这件作品通过植物的组合，来表现花艺师的世界观。在制作过程中，以做旧风格的平台梯为背景，和干花的颜色进行强烈地对比，同时将花材紧凑地插入花架里，以防止花材从花架溢出。

花材·资材

八仙花 / 金峰树 / 红花银桦 / 石南茶 / 蛇目菊 / 杂交雄黄兰的果实 / 核桃 / 月桃 / 桉树·南非桉 / 锦熟黄杨 / 干木镜框

小村落居住的世界

不拘泥摆放位置的镜框花饰

方法·制作：SiberiaCake

这件作品可以挂在墙上，也可以置放在壁柜上面。整幅作品使用野花营造生机勃勃的气氛，再配上土当归的细叶制作完成。在制作过程中，先使用体积较大的花材，后半部分再添加较细小的花材，将其纤细感突显出来。在造型的各个角度摆放一些苔藓，制作出空隙。整个花束使用西洋蓍草的黄色来提亮。

花材·资材

木百合 / 绒毛饰球花 / 松虫草 / 厚叶石斑木的果实 / 美洲商陆 / 荷花玉兰的果实 / 土当归 / 西洋蓍草 / 松球 / 桉树 / 苔藓

生命力爆棚

方法·制作：SiberiaCake

这件作品想表达生命的诞生。制作要点是使用细长且下垂的枝条制作“鸟窝”，之后，在这个“鸟窝”的基础上，充分发挥自己的想象来完成这件作品。

花材·资材 | 雪松 / 蕨 / 米花 / 常春藤浆果 / 棒状石松 / 荠菜

富有质感、华丽的花束

方法·制作·解析：高野希 NP

自然界里的形状形态万千。在制作壁花过程中，我多花了一些心思将植物的线条美更多地呈现在大家面前。为了避免整个花束没有立体感，在植物的缝隙间，加入了一些桉树叶。

花材·资材

斑克木·花蕾 / 绒毛饰球花 / 新娘花 / 石南茶 / 星花轮峰菊 / 桉树（杏仁桉、蓝宝贝）/ 蓝刺头 / 蒲苇 / 木百合 / 银桦 / 宿根勿忘我

时髦的色调

方法·制作：莞金有衣

这件作品使用古董色的绣球花来制作花环。时髦的色调可以使房间提高一个档次。增加花环外侧和内侧的体积感，使其成为一个有立体感的圆形造型。

花材·资材 绣球花

多种花材的使用，让您感到欢欣雀跃

方法·制作·解析：高野希 NP

蒲苇的使用让整个花环的基调变得更为活泼，但注意不要因过多使用而显得过分夸张。

花材·资材

蒲苇 / 木百合 / 黑种草 / 石南茶 / 桉树（果实、银水滴）/ 斯特林基亚 / 克利夫兰鼠尾草 / 绒毛饰球花 / 鸡冠花 / 松虫草 / 麦秆菊 / 小判草

漂亮浪漫的蓝色花束

花材·资材

斑克木·花蕾 / 绣球花 / 石南茶 / 蓝刺头 / 黑种草 / 羊耳朵叶 / 木百合 / 绒毛饰球花 / 兔尾草 / 小判草 / 宿根勿忘我（蓝色幻想）/ 桉树（杏仁桉、银水滴）/ 红花银桦 / 松虫草 / 蒲苇

方法·制作·解析：高野希 NP

这件作品使用绣球及水珠色的羽毛等质感较强的植物制作完成，是一件很具魅力且比较耐看的作品。无论是清新风格是浪漫风格，都可以根据用途的不同制作不同氛围的花束。制作时，事先用铁丝扎一些小花束，之后在斑克木周围插入，使其周围不存在缝隙。

淡蓝色的绣球花给人一种柔和的印象

方法·制作·解析：高野希 NP

这件花环让您欣赏到只有干花才具有的古董色。花环花束可以捧在手里，也可以挂在墙上，有多种场景供您欣赏。为了让这个造型更加丰满，在花环制作的基础部位，要多加一些花材，以增强其体积感。制作过程中使用胶水将小饰件一个一个地粘上。这件作品如果作为花束使用的话，外侧和内侧要粘上一些花，同时使用红花银桦的叶子将黏合部位隐藏。

花材·资材

绣球花 / 石南茶 / 蓝刺头 / 百合的果实 / 黑种草 / 银苞菊 / 含羞草 / 小判草 / 兔尾草 / 千日红 / 宿根勿忘我 / 红花银桦 / 猕猴桃树的藤环 / 珍珠鸡的羽毛

香草的芳香

花材·资材

蓝冰柏 / 桉树（杏仁桉、南非桉、蓝桉、四方桉、多花桉的花蕾）/ 胡椒浆果 / 绒毛饰球花 / 红花银桦 / 斑克木 / 树木果实 / 藤环

方法·制作·解析：中本健太

这件作品整体以灰绿色为基调，再搭配上树木的果实，给人一种迎面扑鼻的天然气息。选用叶子较细小的桉树、绿干柏、银桦等枝叶，按照他们叶子本身的走向来插入。这件作品中，纤细的枝叶也可以让您感受到力量的存在，以及森林中静动结合的自然节拍。使用一些白胡椒的果实来增加柔和度，避免让人感觉过于死板。小的果实使用胶水固定，大的果实可以使用铁丝进行固定，避免脱落。

方法·制作：田部井健一·Blue Blue Flower

这件作品选用野生的花和个性感十足的花。没有固定的制作流程，只需要考虑将主材——普罗蒂亚木摆放得好看就可以了。几种较黯淡的花色的使用，给人一种自然华贵的感觉。

花材·资材

山龙眼 / 安道尔叶 / 木百合 / 桉树（四方桉、银水滴）/ 黑种草的果实 / 秋葵 / 银蕨 / 银桦

自由选材设计

方法・制作：flower atelier Sai Sai Ka　摄影：松本纪子

这件花环作品想让您感受到植物的存在，就像是森林中各种各样绿色植物的重叠生长的那种感觉。这件作品很适合将做旧的板材、生锈的铁板等历经岁月洗礼的人造物摆放在一起，会让人感觉很酷。我选择一部分使用过了保鲜剂的独特花材，在进行保鲜处理的时候，故意缩短染色的天数，这样会给人一种半干花的感觉。

花材・资材

圣诞玫瑰 / 绣球花 / 落新妇 / 日本四照花 / 绒毛饰球花 / 铁线莲 / 木百合

群绿

就像是搬回了森林的一部分

方法·制作·解析：高野希 NP

这件作品以外形酷似锯齿一样的秋葵的枝条打底，再配搭上从山上采来的地衣类、孢子叶等个性的植物。不要过多添加植物，在感觉花束扎完的时候，使用铁丝绑紧。为防止背面的晃动，使用树木的枝条保持整体的平衡。全部工作结束后，使用皮革的布条将其包住。

花材·资材

秋葵 / 山龙眼 / 桉树（蓝桉的果实、毛叶桉）/ 巴拿马草 /Caldas/ 石南茶 / 红花银桦 / 孢子叶 / 地衣类 / 空气凤梨 / 羽毛 / 皮革绳

花材·资材

铁树 / 鱼尾葵 / 巴拿马草 / 普罗蒂亚木 / 蒲苇 / 土茯苓 / 玫瑰的果实 / 桉树·多花桉 / 木百合 / 斯特林基亚 / 莲蓬 / 红花银桦（淡色系）/ 皮革绳 / 雉鸟的羽毛

方法·制作·解析：高野希 NP

这件作品无论是在圣诞节还是春节都可以摆放。在设计元素里充分考虑了原汁原味的一些元素，因此有一种特别的感觉。铁树叶尖尖的，比较危险，因此，用剪刀削一点尖尖较为安全。

假日的季度，要尽情欢乐

旅行前的准备

方法·制作：flower atelier Sai Sai Ka　摄影：松本纪子

这件作品通过植物的摆放来表现物品从旅行箱里溢出的感觉。将纸箱涂上油漆，在箱子的侧面装上手柄，让其看起来像一个旅行箱。使用爬山虎、羽毛等材料，摆放的时候，注意它们的流向，来表现“溢出”的感觉。

花材·资材

宿根勿忘我／千叶兰／迷迭香／绣球叶（以上几种花材为干花）／绣球花／大星芹／薰衣草／芬兰苔藓（以上几种花材为保鲜花）／珍珠鸡的羽毛

鲜艳夺目的色彩

方法·制作：hiromi

一个色彩鲜明生动的花环。这个花环的特征是中间没有开口，在制作的时候，考虑花和颜色的整体协调来搭配加入，相同的花和颜色避免挨在一起。

花材·资材

绣球花 / 玫瑰 / 胡椒浆果 / 勿忘我 / 苔藓 / 金盏花 / 藤环（花架）

夺人心魄的蓝色盒子

方法·制作：Fleursbleues / Coloriage

在花盒里放入一个玻璃容器，来收纳小首饰。因此，这个花盒不仅有观赏价值，在日常生活中也可以使用。花盒采用一种做旧风格，给人一种清凉的氛围，包括白色到蓝色的渐进颜色处理，以及盒子的破旧处理。

花材·资材　古董风格的木盒子 / 百日草 / 蓝刺头 / 玫瑰 /SA 雏菊 / 千日红 / 胡椒浆果 /Morisonia/ 米花 / 雪莉罂粟 / 桉树的果实 / 绒球花

玫瑰心语

方法·制作：Fleursbleues / Coloriage

红色玫瑰的花语是“爱情”“激情”“恋爱”“热恋”。根据一个古老的传说所言，表达心意要使用 12 朵红色玫瑰，每一朵玫瑰代表的含义分别是“感谢、诚实、幸福、信任、希望、爱情、激情、真实、尊敬、光荣、努力、永远”。用适合不用的花材的固定方式将其固定。在搭配的时候，要考虑色调及上下空间的平衡，要注意花材之间不留缝隙。同时，要关注花的表情，有时可以重叠放置。

花材·资材　相框（长 26cm× 宽 21cm）/ 干花用吸水海绵 / 玫瑰 / 小株大理花 / SA 雏菊 / 金槌花 / 胡椒浆果 / 米花 / 满天星 / 绣球花 / 勿忘我 / 雪莉罂粟 / 莲花 / 茶树 / 桉树的果实 / 绒球花

温柔满怀的花环

方法·制作：高濑今日子 kyoko29kyokolily

有着许多可爱的花朵的花环，散发着温柔的光芒。作者希望欣赏这件作品的您内心充满幸福。因为细小的花儿很多，因此在用小钳子固定的时候，一定要小心，不要弄折花朵。

花材·资材　玫瑰 / 绣球花 / 含羞草 / 满天星 / 玻璃苣 / 千日红 / 薰衣草 / 勿忘我 / 烟树 / 胡椒浆果 / 紫绒鼠尾草 / 藤环

喜欢在孩子的房间布置可爱的装饰

方法·制作：Lee

使用小巧可爱的花朵制作月亮形的花环。这件作品设计的初衷是装饰小女生的房间。在花的部分，铺上一些松黄凤梨，并用铁丝将其固定。之后用黏合剂将小花布满整个花环。小花不需要使用铁丝缠绕，可以简单制作完成。花环上点缀一些大型的花，其他的花材也会显得更加可爱。

花材·资材　千日红 / 满天星 / 麦秆菊 / 加拿大一枝黄花 / 米花 / 玫瑰叶 / 松黄凤梨 / 藤环

方法·制作：Lee

这个纯天然的小型花环使用一些配角一样存在的小花制作而成。使用铁丝将小花捆扎成小花束，之后，交叉地绑在藤环上。粉色的宿根勿忘我的用量过大的话，和蓝色幻想混在一起，会给人一种乱糟糟的感觉，因此，要注意控制勿忘我的数量。天然的设计风格，无论是男性房间还是朴素的房间，不管什么样的室内装饰都很适合。

花材·资材

宿根勿忘我（蓝色幻想及其他 2 个品种）/ 满天星 / 加拿大一枝黄花 / 藤环

用小花做的小花环

疗伤的花环

花材·资材

含羞草·Milan Doll/ 勿忘我（圣代冰激凌）/ 苋属植物 / 桉树·杏仁桉 / 澳大利亚松 / 石南茶 / 乌桕

方法·制作·解析：高野希 NP

忽隐忽现的小白花和果实，让人感觉很可爱。制作时要注意把握勿忘我和含羞草的分量，可以使用白色来中和紫色和黄色。

纯白的满天星花环

方法·制作：LILYGARDEN·keiko

有着洋果子一样松软的感觉是干花花环的特征。为了表现花环的体积感，可以按照先花蕾后花朵的顺序编入藤环。花朵干燥后，会变小，要尽量多编入一些。最后再点缀一些明星花朵，注意尽量少放一些。系上一个奢华的丝带，既可作为婚礼的欢迎花环使用，也可作为馈赠礼物使用。

花材·资材

满天星 / 玻璃苣 / 空气凤梨·松萝凤梨 / 藤环（土茯苓、rattan 等）/ 蝴蝶结

摇身一变，重获新生

方法·制作：toccorri

将素材组合设计成花瓣或花朵的形状。小种子紧紧依偎变成一个光彩夺目的大物，成为一个生命力长存的装饰品。这件作品可以让您体会到只有树木的果实和香料才可展现的乐趣。为避免制作途中，因小饰品不够用而停下手中的操作，弄乱整体的造型，需要事先做好充分的准备工作。在开始制作前，要将所有的花材均分为 6~8 份，可以使作品很好地保持整体的平衡感。

花材·资材

玉米 / 冬瓜的种子 / 红花 / 布花（火绒草）/ 八角 / 丁香 / 浆果 / 香草（小花鼠尾草、芥末、茴香）/ 夜叉五倍子 / 水杉 / 白桦 / 木麻黄 / 核桃 / 豆蔻干籽 / 工艺用树脂黏土 / 蝴蝶结 / 珠子 / 铁丝

主角是粉色的毛茛属植物

方法·制作：toccorri

这件花环作品选用 4 个品种的粉色系花毛茛，让您感受到浓淡不一的粉色。这款作品不会过于粉嫩，适合成熟女性。藤环的颜色只限定明亮的绿色，藤环的框架为月牙形。花环的重心放置于左下方，花毛茛以左下角为中心来编排，可以突显它的存在感。作者想做一个稍大些的花形紧凑的月牙形花环，因此从建材市场买来圆形的藤环后，削掉其中的一部分，将其做成了成月牙的形状。

花材·资材　花毛茛 / 大星芹 / 甜墨角兰 / 柴胡 / 桉树·多花桉 / 牛至（肯特美人）/ 藤环

装作若无其事地表达关切的成年人

方法·制作·解析：高野希 NP

这件小型花束适合制作略表心意的小礼物。因为要制作大小相同的花束，因此，每束花束要保持和第一束花束的大小一致。制作的要点是，在注意花束整体平衡感的同时，保持每束花束的大小一致。

花材·资材

含羞草 / 星花轮峰菊 / 黑种草 / 乌桕 / 蒲苇 / 勿忘我（圣代冰激凌）/ 刺芹 / 苋属植物 / 桉树（杏仁桉、蓝宝贝）/ 石南茶 / 红花银桦（淡色系）

绣球花和果实的小花环

方法·制作：yu-kari

这件作品使用多种绿色植物和果实制作完成。花环虽小，但是却不失观赏价值。

花材·资材

千叶兰／绣球花／桉树·多花桉／勿忘我／蓝冰柏／袋鼠花／酒瓶兰／绒毛饰球花

方法·制作：莞金有衣

这件作品将松球等果实塞满藤环，欢快热闹。纯天然的风格，仅仅看上一眼，都会感觉欢欣雀跃。

花材·资材

针叶树 / 桉树 / 荚莲 / 绒毛饰球花 / 木百合 / 松球 / 棉花

存在感满满的花环

珍惜植物本来的面貌

方法·制作：GREENROOMS

这件作品是根据美容院的订单需求而制作的。配合有玄关气氛的大门设计完成。夜幕降临时分，打开灯光，植物的背景会更美丽地呈现。以细木为中心，使用铁丝和胶枪制作完成。

花材·资材

木百合 / 杜松 / 桉树果 / 假瑞香 / 桉树·多花桉 / 铁丝

银桦壁饰

花材·资材

银桦 / 铁丝 / 麻绳

方法·制作：GREENROOMS

这件作品的设计感较简洁，但却有着别致的氛围。精心地发挥每枚叶子的个性，将其做成羽毛的形态。以一根枝条为主轴，使用铁丝将其他枝叶固定好。这件作品的要点是魅力四射的双色叶的组合。

方法·制作·解析：高野希 NP

使用几种银桦制作的花环，给人一种简洁且生机勃勃的感觉，配合羽毛的装饰，增添了一份清新的气息。注意要在银桦的叶子待烘干且柔顺的时候制作。

花材·资材

银桦（淡色系）/ 雉鸟的羽毛 / 银鸡的羽毛

不会褪色的花环

方法·制作·解析：中本健太

使用叶子的单面为金黄色的银桦，即便枯萎，仍不失其娇艳美丽的芳容。用绿色的金锋树和银蕨来把控整个作品的基调，使得金黄色不过于抢眼。石南茶会起一些轻飘飘的小毛，让整个作品不过于单调。将暗红色的朽木作为整个作品的底色，更加突显花环的存在感。

花材·资材　银桦·黄金 / 金锋树 / 桉树 / 月桃 / 银蕨 / 石南茶 / 藤环

冰冷的混凝土上的一抹生机

方法·制作：华屋·Rindenbaumu

这件花环作品采用简单的绿色枝叶制作而成。使用桉树叶和银桦制作干花，透着勃勃生机，也映衬着帝王花的艳丽。

花材·资材　银桦 / 桉树叶 / 帝王花 / 藤蔓

似摇曳不安的心

方法·制作：MIKI　摄影：Nagaosa　模特：Sasinami

这件作品通过山龙眼、针垫花和黑种草等独特动感的花材，来表现女人陷入种种复杂情感时心动的样子。通过各式各样的花材和色彩的混搭，来表现恋爱中复杂的心情。将所有的花材搭配在一起，形成美丽的花束。

花材·资材　普罗蒂亚木 / 针垫花 / 鸡冠花 / 满天星 / 桉树 / 吾亦红 / 黍 / 银桦·淡色 / 黑种草 / 木百合 /plume reed/ 孔雀的羽毛

送祝福时使用的花束

方法·制作·解析：高野希 NP

这件作品适合作为开店祝福礼物，有吉利的寓意。置于前端的是蝎尾蕉。将夏季从夏威夷运来的植物做成干花，在制作花束时，要注意植物的摆放，做到从欣赏面都可以清楚地看到各个植物的面孔。使用铁丝固定秋葵，在固定花束时，要注意整个花束不要绑得过松，还要注意整个花束的美观度。

花材·资材

蝎尾蕉 / 普罗蒂亚木 / 木百合 / 秋葵 / 绒毛饰球花 / 桉树·果实 / 木百合 / 铁树 / 银桦（Ivanhoe、淡色系）/ 斑克木叶 / 蒲苇

圆形、温暖的天然花环

花材·资材

千年菊 / 麦秆菊 / 薰衣草 / 桉树 / 千日红 / 黑种草

方法·制作：芫金有衣

这件干花花环作品是酷夏时节制作的，天然气息十足。其尺寸较大，在制作时要注意均衡分布花材。麦秆菊的黄色成为整个花环的基调。

够酷够靓的造型

方法·制作：FLOWER-DECO.Brilliant 门田久子

这束壁花是一家指甲店开业时收到的贺礼。通过美妙的藤条展现曲线之美，同时这件作品还想表达女性的柔和之美。为了可以长时间欣赏，采用干花制作而成。

花材·资材　洋蓟 / 薰衣草 / 狗尾草 / 蓝刺头 / 黑种草 / 桉树 / 空气凤梨 / 猕猴桃的藤蔓

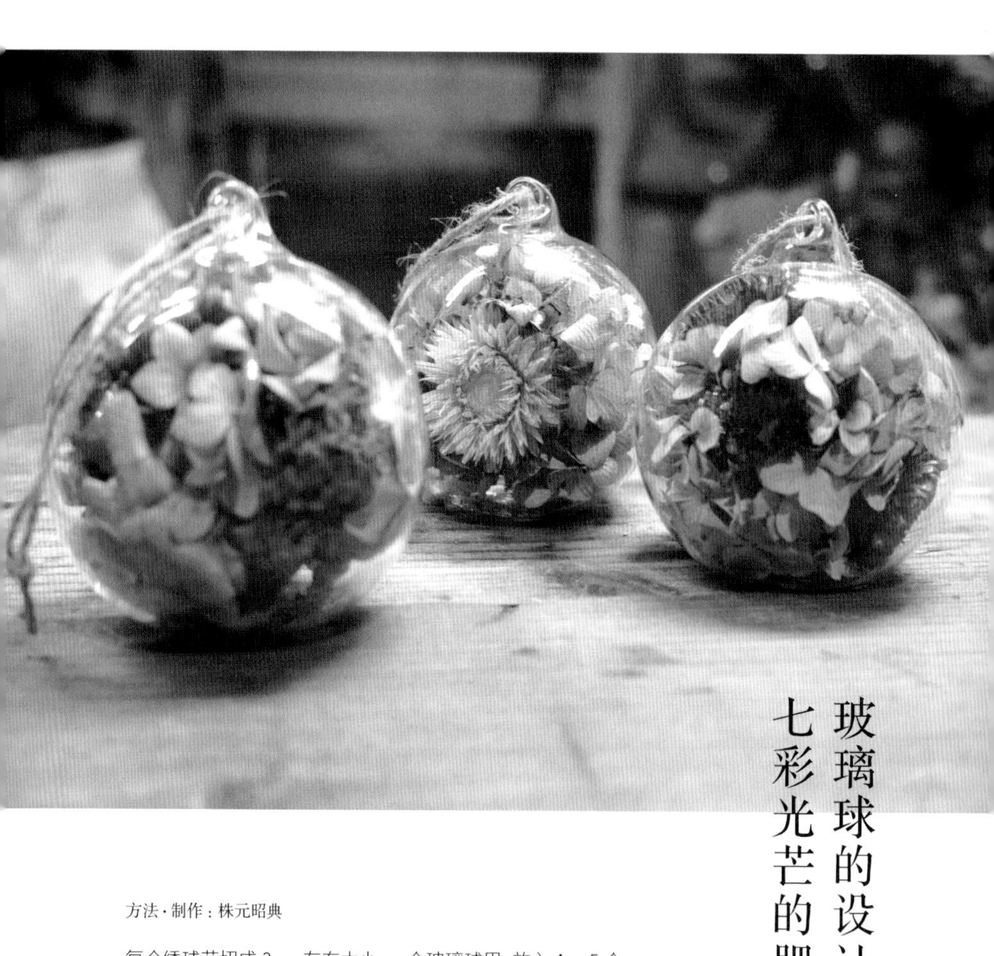

玻璃球的设计：散发七彩光芒的肥皂泡

方法·制作：株元昭典

每个绣球花切成 3cm 左右大小，一个玻璃球里，放入 4 ~ 5 个。最后要放入一个稍大些的花材，看似是盖子的模样。千日红和勿忘我等小花切开后，放到绣球花之间，进行固定，最后放入一个似盖子模样的绣球花，这个作品就完成了。

花材·资材　绣球花 / 千日红 / 麦秆菊 / 勿忘我

小尺寸蛋糕模样的花环

方法·制作：yu-kari

这个花环使用了桉树叶和果实，很可爱的一件作品。在制作过程中，使用桉树叶包裹着整个作品。

花材·资材

千叶兰 / 绣球花 / 千日红 / 桉树叶 / 木百合 / 酒瓶兰

想象那个人的温柔脸庞

方法·制作：Zuntyaro

这是将很久以前送给男朋友的一束花拆开，重新设计并再次赠送给他的一件干花作品。为了表达对他的思念，使用了许多满天星，其色调也充满了柔情。使用旧的蕾丝绸带和花瓶，以配合整个干花花束的氛围。

花材·资材　玫瑰 / 飞燕草 / 满天星 / 勿忘我 / 桉树 / 蕾丝绸带 / 搪瓷容器

身边的饰花

花材·资材

三色堇 / 黄铜镜框

方法·制作·解析：中本健太

在古董一样的黄铜画框里塞入三色堇的干花。作者希望在有限的室内空间或自己的手提包上佩挂一些植物饰件，让大家随时随地感受到大自然的关爱。其设计风格有些类似绘画拼贴的感觉。如果选个大尺寸的画框，就可以做成一个更大的绘画拼贴。

手工制作的花环

方法·制作：Zuntyaro

这个花环是将我们学校栽培的鲜花烘干成干花之后，再做成花环的。让常春藤和小花的前端突出，营造出很自然的氛围。用铁丝将一些散落的花瓣及松球插到藤环里。

花材·资材　玫瑰 / 麦秆菊 / 松球 / 勿忘我 / 满天星 / 常春藤 / 桉树 / 蕾丝绸带 / 藤环形状的容器 / 花架

可以制作花环的干花素材

方法·制作：茺金有衣

这些干花素材可以制作花环。仅仅简单地扎一下放在那里，就十分可爱。

花材·资材　千年菊 / 麦秆菊 / 薰衣草 / 桉树 / 千日红 / 黑种草

铭刻于心的风味

方法·制作：春雨 A harusame

我发现了一株比以往见到的更有趣的带烟熏妆的绣球花，然后将其栽培。过了一年，将其制作成干花，我发现它变得更有魅力了。我准备了许多白色的小花瓶，然后一枝一枝尽量多地插入。这个品种的绣球花还可以染发，非常奇妙。在这件作品里，我将 2 年干花和 3 年干花组合在一起制作完成。

花材·资材

绣球花

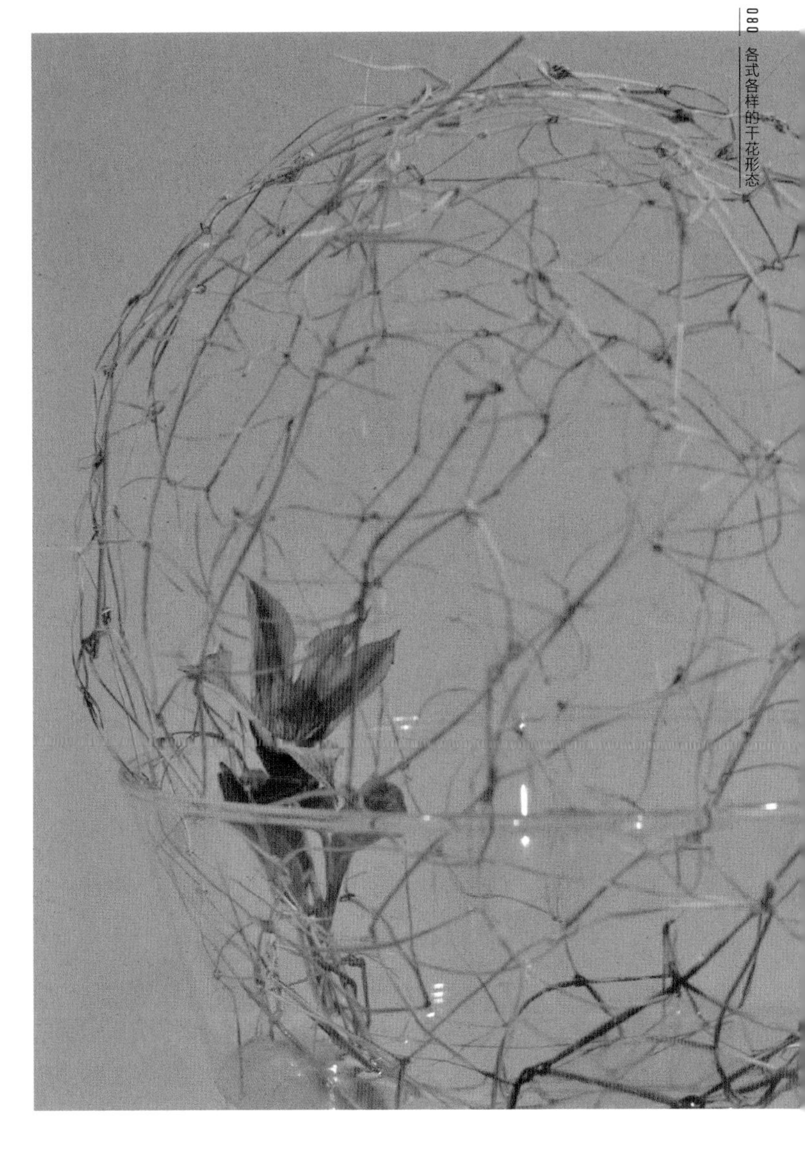

利用气球制作的圆形造型

方法·制作：大木靖子

将新西兰麻撕开如丝线一般粗细后，新西兰麻就会马上变干。作者利用新西兰麻的这个特性，沿着气球的外侧制作了一个圆形的造型。这个造型的饰品，可以就这么当作一个单独的饰品挂在房间里，也可以作为花束的部分造型来利用。可以使用剑山将新西兰麻撕开如丝线，之后再编制造型。

花材·资材

新西兰麻 / 铁线莲

花材·资材

一叶兰 / 酸浆果 / 铁丝 / 钉 / 黏合剂

方法·制作·解析：大木靖子

这件作品充分保持了叶子原来的形态，通过酸浆果来强调整个作品的流向，它也是整个作品的基调。在墙上钉上钉子，使用长短不一的铁丝固定三片叶子，并悬挂在钉子上。3 枚钉子的位置可以有多种方案，但注意铁丝是否挂在了钉子上了。确定好酸浆果在叶子上的位置，并用黏合剂进行固定。

感受水的流动

和婚礼花束同款的项链

方法·制作：hourglass 山下真美

闪闪发光的项链如果配搭干花显然是个不太理想的组合。但是如果配搭婚礼花束，却很漂亮。使用胶枪在项链上粘上花或叶子，使用桉树叶制作出一个造型，之后将绣球花等大型花及果实、叶子插入，最后将玫瑰的果实一颗一颗粘在叶子上，再调整一下整体的平衡感便可完工了。

花材·资材

绣球花 / 刺芹 / 野蔷薇的果实 / 凤梨 / 桉树 / 荚莲

和时间一起散落的梦

方法·制作：hiromi

不经意间和空间融为一体的室内装饰。这件作品是在以天然素材制成的校园风的花架上配搭一些花制作完成。将豌豆花制作成干花后，其感觉宛若重生。在豌豆花的周围再加上一些淡雅颜色的花蕾，让这份饰品更显天然的气息。按不同方向摆放带茎的花朵及花蕾，可以增添这幅作品的动感。

花材·资材

豌豆花 / 黑种草 / 松虫草 / 紫罗兰 / 桉树 / 三色堇 / 郁金香 / 校园风的花架

像制作绘本一样排列

方法·制作：mayu32fd 高桥兰

像制作绘本一样在相片上面摆列花材，制作时注意给文字留一些空间。首先要将花材排列整齐，通过摆放的造型来诉说《一个偶然发生的故事》。这件作品的主人翁是一个用盘子制作的小鸟，这只小鸟总会捎上一些东西飞向某个地方。

花材·资材 向日葵 / 桉树 / 石南茶 / 千日红 / 含羞草 / 大理花 / 麦秆菊 / 土茯苓 / 玫瑰果实 / 荚莲 / 夜叉五倍子

飘舞的花环

方法·制作：koko

在铁丝圈上粘上一些干花，制作一个不停摇摆的花环。在制作时，要注意花环的色调搭配，在花环的下部加装一些铁丝，再在上面粘一些叶脉标本和羽毛，可以增加花环的摇摆度。

花材·资材　千年菊 / 绣球花 / 兔尾草 / 麦秆菊 / 堇菜 / 叶脉标本 / 羽毛

花团锦簇的器皿

方法·制作：koko　陶瓷家：Utsuwayamitasu　容器：「九谷烧杯子」

这件作品将自己中意的陶瓷杯配搭干花制作而成，适合拍摄照片发送到社交网站上。制作的时候，要注意在杯子里放满干花，同时要注意花的观赏面。在杯子的上端，放一个茶托，撒上少量的花瓣。花杯手柄上的一只小翠鸟增添了几分可爱，使用陶瓷家老师制作的器皿，可以完成一份不错的作品。

花材·资材　绣球花

百变的满天星

方法·制作：野泽史奈

这件作品使用两组相片展现出鲜花和枯萎的干花的两张面孔。利用伸展的满天星枝叶，将两张相片连接起来。在这件作品里，作者让我们感受到了花的多种存在方式。

花材·资材　满天星

充满幻想的植物

方法·制作：s-sense-candles satoko

选择中意的花，倒入石蜡里，制作成干花蜡烛。干花蜡烛作品有多种用途，可以当作饰品挂在墙上，也可以赠送给重要的人。这件作品最为出彩的地方就是点燃蜡烛的时候，里面的火焰可以浮现花材的形态，因此倒入花材时，要注意适量。如果是希望美美地挂在墙上的话，需要考虑花材的形状和色调的整体搭配。

花材·资材　橙子 / 苹果 / 满天星 / 桉树 / 米花 / 绣球花 / 玫瑰 / 薰衣草 / 鸡冠花 / 保鲜干花等

植物标本

方法·制作：koko

用干花来制作植物标本。将干花贴于纸上，写上日期和花的名称。用英文艺术字体书写植物名称的话，能提升时尚感。

花材·资材

玫瑰 / 紫式部 / 三色堇 / 勿忘草 / 胡椒浆果 / 叶脉标本 / 千年菊 / 黑种草 / 乌桕果 / 酸浆果 / 四叶草 / 水仙 / 绣球花 / 纽扣花 / 尤加利桉树叶 / 千日红 / 新娘花 / 薰衣草 / 白妙菊 / 玻璃苣·雪叶莲 / 土茯苓 / 合田草 / 飞燕草

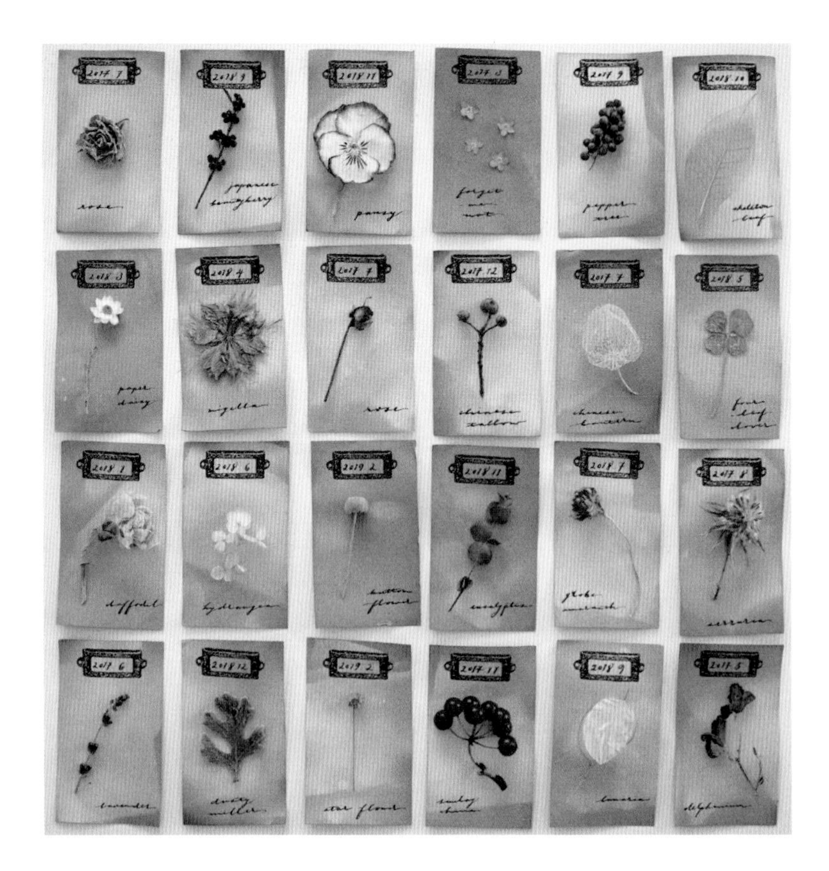

把感谢的心情装进去

方法·制作：hiromi

这份植物标本作品适合作为礼物送给朋友。通过插花布置，将令人赏心悦目的鲜花制作成干花。这样的处理，保留了未开放的花蕾和藤蔓等个性。即便很小的花，如果将其捆扎，置于装有油的瓶中的话，也会成为一束亭亭玉立的花束。

花材·资材　玫瑰 / 米花 / 红车轴草 / 荠菜花 / 非洲雏菊 / 薰衣草 / 千鸟草 / 满天星 / 瓶子 / 植物标本油 / 麻绳

静静给予陪伴的存在

方法·制作：三木步

被从窗户穿透而入的阳光包裹、照耀着，随着光线变换表情的模样甚是迷人。单枝小花瓶都是自己制作而成。在逆光的窗边，小花瓶也散发着柔和的气息，与干花的温柔感正好相辅相成。

花材·资材　满天星 / 雪松 / 胡椒果 / 薰衣草

犹如闪闪发光的精致玻璃工艺品

方法·制作：hw life 堺海

这件作品给我们展现了一个定格在玻璃瓶中的色彩艳丽的鲜花标本。作者在瓶里放入了很多色彩艳丽的干花。首先将重新排列过的花粘于透明胶片上，然后将固定好的花放入瓶内，最后注入油便制作完成。作者在制作时，通过巧妙的处理，使得艳丽的干花更加夺人眼球。

花材·资材

玫瑰 / 飞燕草 / 勿忘我 / 麦秆菊 / 玻璃苣 / 千日红 / 植物标本油

鲜嫩的鲜果标本

方法·制作：高野希 NP

黄绿的维他命色仅观望一下便能使人元气满满。在制作过程中，注意将容易浮起的花材以舌苞假叶树固定住，通过花卉的设置，可以使观众无论玻璃瓶的任何一面欣赏都会赏心悦目。干果的处理方法和干花的处理方式相同，通过按压的方式使其干燥，水果不会缩小，能做出保持着漂亮形状的干果。这件作品最吸引人的地方是犹如玻璃般的清澈透明感。

花材·资材

干橙子 / 干猕猴桃 / 肉桂 / 胡椒浆果 / 黄金球 / 巴黎金合欢 / 千日红 / 舌苞假叶树（保鲜花）/ 植物标本油

绣球花独自演绎的轻盈立体

方法·制作：株元昭典

这件花环作品采用绿色的纤柔的绣球花（八仙花）制作而成。作者想给大家一种松软的成串的花儿的印象，因此选用了不太细小的花环藤环。制作时，要将花朵进行适当的分割，用镊子和胶水将花粘在藤环上。如果空隙过大，会看到露出的藤环，因此，注意要以看不见花环藤环为准的间距来制作。

花材·资材　绣球花（八仙花）

给小礼品附上心意

方法·制作：山本雅子

这是一件螺旋形的圆形花束作品。为了做出不经意的随意感，避免过于规矩的排列，而是随意地配置。这件作品将蓝色作为反差调和色，使用简约的花材制作而成。以看似不经意的英文报纸的包装来提升艺术格调。

花材·资材　宿根勿忘我 / 落新妇 / 刺芹 / 兔尾草 / 子午莲的果实

给空间赋予生命力

方法·制作：大木靖子

这件作品使用原本用作书挡和压书的石头，给它卷上竹篾制作而成。仅小小地动一下心思，便将原本没有生机的空间变得温馨。石头上以十字形卷上绳索，在此基础上卷上竹篾便完成制作。过程中将竹篾精心细致地进行交织，便呈现出了充满个性的成品。

花材·资材　竹篾 / 石 / 绳子

流淌在季节里的思念

方法·制作：Charis Color 前田悠衣

这件作品以非洲郁金香为主要花材，在其中加入 sutelihla，便生出柔感和动感。作者将薰衣草、黑种草、牛至肯特美人的绿色至蓝色过渡的色调作为背景基调，形成暖色系和冷色系的碰撞，并排列成眼前的橘白相间、黄色尽收眼底的模样。

花材·资材

非洲郁金香 / 薰衣草 / 黑种草 / 牛至肯特美人 / 勿忘我 /sutelihla/ 永久花

方法·制作：hourglass 山下真美

将绣球花瓣放入瓶内后，为使花瓣不单调，要轻柔地放入玫瑰花。将酒瓶兰倒置，持住花梗，放入瓶内，再将花梗穿入提前钻好的小孔，并用黏合剂固定住。酒瓶的外面也装饰与瓶内相同的花。作品使用的是空红酒瓶，因此非常的经济环保。小小的瓶子和鲜花标本等相互交融，室内装饰格调高涨。

花材·资材

玫瑰 / 酒瓶兰 / 绣球花

空红酒瓶里装入干花

以大地色为中心的简扎花束

方法·制作：hourglass山下真美

由于是垂花，因此只需要简单捆扎便可。每一支花都有自己的独特个性，为了更加突出每一种花的个性，作者对它们进行了阶梯形排列，并进行绑扎。这幅作品拥有大地和植物等自然色调的土黄色。作者在色调、外形等方面均进行了精心的简约设计，因此这件作品适合任何一种风格的室内装饰。作者在选用酸浆果时，使用了颜色变成橘色之前便进行干燥处理的果实。

花材·资材　斑克木 / 普罗蒂亚木 / 桉树叶（白叶桉果）/ 酸浆果 / 斯特林基亚叶 / 狗尾草 / 红花银桦（淡色系）/ 烟稗

小鸟题材作品

方法·制作：深川瑞树 hana.mizuki

鸟笼里，一枝像羽毛一样的新娘花。小鸟曾停留过的笼中，感受到了犹如鸟儿在时的气息。

花材·资材	新娘花 / 鸟笼

享受简约

方法·制作：深川瑞树 hana.mizuki

与黑色的单枝小花瓶相得益彰的花材。作者在小花瓶里插了一支干罂粟，它代表着尊贵和成熟。

花材·资材　雪莉罂粟 / 单花容器

突出花的神韵

方法·制作：Nozomi Kuroda

每一种颜色的花瓣都非常美，因此作者选择了近距离拍摄。叶脉的神态，也比鲜花状态时更加清晰可见。作者选用了光鲜度好的绣球花，摘除多余的叶片后马上用绳索垂吊进行干燥处理。干燥处理时如果有一面与墙壁接触的话，便会造成损伤，因此要特别注意。

花材·资材

绣球花

方法·制作：SiberiaCake

这是一个从酒瓶的正面展示的植物标本作品。在中心花材的前后也搭配植物打造进深。这件作品的制作关键是对花材进行角度和位置的调整，以避免形成一条直线。

花材·资材

左：香雪兰 / 兔尾草 / 刺芹 / 大星芹 / 紫兰的果实 / 酒瓶兰 / 红花银桦
右：胡萝卜花 / 巴黎金合欢 / 红花银桦 / 橡子 / 合田草 / 迷迭香

将植物盛进喜爱的容器里

黑色的铁制盒内放入黑色的干花

方法·制作：深川瑞树

这是一份貌似不刻意装饰的简约作品。作品的颜色也是同一个基调，是个以恬静为题材的作品。

花材·资材　胡椒浆果 / 铁盒

为了永远不忘记

方法·制作：Ruhururon 中本健太

这件作品里的乌桕的果实展示了动人心弦的白色。作者带着感谢大自然恩惠的心情，制作了这个椭圆迷你花环。奶白色诉说着作者创作的初心。为了在任何时候都能够回想起这份心情，作者制作了这份有永恒寓意的花环。用胶水将乌桕的果子逐一粘在藤环上。白色、米白色、象牙白等颜色之间有细微的差异，形状也是维持了其原本的各式各样的形状。通过观察相邻的果实与果实之间的造型，来调整整个作品的对称。

花材·资材 乌桕果 / 花环藤环 / 皮绳

无色花草所散发出的张力

方法・制作：Ruhururon 中本健太

使用叶子、花、实物等花材来装扮空间。这件作品里，作者展现了每一种花材独具特色的姿态和神韵。制作时要注意整体平衡，使玻璃花器及黏土花器的材质、大小与植物保持协调。同时要通过自己的眼睛和经验，来观察理解每个植物的魅力、神情、形态、颜色、质感、印象等。

花材・资材

红花银桦 / 斯特林基亚叶 / 蓝胶桉树 / 羊尾草 / 绒毛饰球花 / 桉树叶（白叶桉、桉果）/ 羊耳朵叶 / 乌桕果 / 麦秆菊 / 山龙眼 / 玻璃花瓶 / 水泥花瓶 / 古董花瓶 / 古董托盘 / 偏光板照片

最爱的花的空间

方法·制作：zuncharo

这件作品里使用的所有的花材几乎都是我正在就读的职业学校的栽培的花朵。用自己精心种植的植物装点了自己的房间。这张明信片是一家支撑着我的梦想、我最爱的古董店转送给我的。

花材·资材 红花 / 巴黎金合欢 / 垂柳 / 红藤（篮子）/ 桉树叶 / 满天星 / 向日葵 / 勿忘我 / 松果 / 帝王花 / 玫瑰 / 康乃馨

把花材的魅力发散出来

花材·资材

小麦 / 酸橙 / 苔藓 / 赤陶花盆 / 飘带

方法·制作：筐原力

作者巧妙地利用小麦梗直线的身姿，制作成紧实的花束。为使小麦、蝴蝶结、陶瓷花器、酸橙的颜色保持统一的色调，作者精心挑选了色调接近的花材。在插入小麦时沿着中心点，顺时针方向依次紧密贴合着进行制作，最后形成漂亮的紧实花束。作者遵循着内心的想法，使用了 5 种涂料来给花器涂色，将金色和青铜色等颜料擦拭着涂上去，做出了天然感和现代感兼具的花器。

方法・制作：八木香保里　　花器制作：菊地亨

在摇曳中乐此不疲的干花作品。植物的柔和的线条再搭配花瓶的庄重的质感，如同描绘了一幅立体画。为了让您观赏到植物干枯过程中颜色和形态的变化，作者只选用了一种花材，并且搭配了一款简约的花瓶。

花材・资材

小黄花鸢尾

枝叶摇曳时的风情

花间穿过的风

方法·制作：大木靖子

在装了少量水的玻璃花瓶里放入花材，在装饰的过程中，鲜花逐渐变成了干花。作者想通过这幅作品展现那钻过荠菜花间的风和空气的感觉。它时而衬托蜡烛，时而配合清新小花演绎着桌面风景线。在制作时注意，如果变成干花之后，再重新变动造型则会损伤荠菜花，因此最好是一开始便摆出最终造型后再静待花儿慢慢烘干。

花材·资材　荠菜花

可以多次享受快乐

方法·制作：mayu32fd 高桥兰

作者把零散点缀于家中的花材全部集中到一起后重新创作，让它们焕然一新。在制作的时候，作者充分发挥枝条自然伸展的弧度，将花朵置入中心区域来制作。这幅作品的颜色虽然较少，但是因为将白色和赤茶色作为提亮色，使得整幅作品更有层次感。干花虽然比鲜花保留时间更长，但是如果稍不注意，枝条便会折断，因此，插花时需“胆大心细”。

花材·资材　桉树叶 / 普罗蒂亚木 / 红花银桦 / 非洲郁金香 / 勿忘我 / 烟树 / 新娘花 / 玫瑰 / 菲比基亚叶 / 臭山牛蒡 / 袭名菊的茎

享受花材的创作

方法·制作：toccorri

这个花环作品选用“颜色”和“形态”对比鲜明的花材制作而成。制作时，首先在藤环编入绣球花、羊耳朵叶、兔尾草等蓬松的花材，之后嵌入无花果和黑种草等硬实的辅材，营造出了张弛有度的丰富层次。藤环的白色先由纯白开始，再慢慢向象牙白、奶白色过渡，持续制造出进深，并在白色中点缀着黑色，犹如画龙点睛之笔。

花材·资材　绣球花（保鲜花）/ 兔尾草 / 羊耳朵叶 / 补血草 / 黑种草 / 无花果 / 百日红蓝莓 / 藤环

仿佛被花器牵引着

方法·制作：mayu32fd 高桥兰

如果在这个橘色的花器内插入干花会是什么感觉呢？当作者心中有疑问时，便马上开始了创作。作者心中的构思是活用桉树柳叶的形态，与巴黎金合欢和红花银桦夺目的橘色，创作出花器与世界融为一体的作品。当你不假思索地动手去做的时候，总会收获意外的惊喜，那时便感受到植物的力量。

花材·资材　桉树柳叶 / 玫瑰 / 蔷薇果 / 巴黎金合欢 / 勿忘我 / 安道尔叶 / 绒毛饰球花 / 铁线莲 / 天人花 / 红花银桦

春天，在窗边眺望的风景

方法·制作：hiromi

将墙板的背面挖通，打造成春天的庭院。底部放上海绵花托，以苔藓遮挡，将有茎的花插入其中，打造花儿们的空间层次。制作这件作品的关键是选用符合意境的花材。

花材·资材　苔藓 / 千日红 / 巴黎金合欢 / 大星芹 / 桉树叶 / 墙板

满目的绿色，春风迎面扑来的清新垂花

方法·制作：hiromi

这件垂花花束作品使用巴黎金合欢和桉树叶制作而成。作者用拉菲亚树的蝴蝶结和麻叶绣线菊的枝干，营造出自然的氛围。在制作这件作品时，要关注花材的长度，同时要留意束出蓬松感。这件作品的关键点是麻叶绣线菊树枝的处理。

花材·资材　巴黎金合欢（银叶）/ 荠菜花 / 桉树叶 / 麻叶绣线菊的树枝 / 酒椰叶纤维

似蜂蜜、似香水

花材·资材

巴黎金合欢 / 植物标本油 / 密封蜡 / 流苏 / 绒花 / 包装纸

方法·制作：高野希 NP

和圆形玻璃瓶以及巴黎金合欢一样，绒花流苏是这个植物标本的特点。虽然往球形瓶内立体地放入巴黎金合欢有些难度，但就将有一定长度的花轻柔弯曲地往里放入，并重复几次相同动作便容易成形了。密封蜡由黄色和金色混合而成。如果加上雕刻了形状的密封蜡，便变得不易破损。

载着满满的巴黎金合欢

方法·制作：高野希 NP

这件作品展示了苋属植物和大阿米芹的动感造型。绕着藤环以转圈方式依次穿插，使得黄金球和巴黎金合欢完美融合。巴黎金合欢和苋属植物变干后，花和叶会容易凋落，因此，可在鲜花状态下做成花环或垂花。

花材·资材

巴黎金合欢 / 桉树叶·杏仁桉 / 苋属植物 / 大阿米芹 / 石南茶 / 澳大利亚松 / 黄金球

野生·原生态的黄色花环

方法·制作：hiromi

这件花环作品大量地使用了带有春天气息的巴黎金合欢制作而成。作者用纯棉蕾丝蝴蝶结，打造淡雅与甜美相结合的感觉。制作时注意要将花材重叠缠上底架，以营造出花环的饱满感。这件作品的制作要领是要提前多准备一些小花束，且每一小束花的分量要相同。

花材·资材　巴黎金合欢 / 花环底座 / 蝴蝶结 / 铁丝

草原上摇曳的草花

方法·制作：高野希 NP

这件作品营造出令人心神愉悦的随风舞动的感觉及满满的空气感。制作时，要仔细观察花材的姿态，时刻留意花束的立体感，小心翼翼地用铁丝将花材捆扎在花环上。待花环完全烘干后，我们才可以真正地观赏到它那自然舒展的身姿。

花材·资材

桉树（宝贝蓝）/ 荠菜花 / Peacock glass/Margarita/ 黑种草 / 兔尾草 / 补血草 / 大阿米芹 / 红花银桦（狂欢）/ 松虫草（星花轮峰菊）/ 合田草

日向花环

方法·制作：Fleursbleues / Coloriage

在制作这件作品时，作者的脑海里浮现出“积雪开始融化时节，在温柔的阳光照射下，已开始盛开的巴黎金合欢的那一抹黄色”，作者想用这个小巧精致的花环来表达春的喜悦。这件作品描绘的是一个开满小花的庭院，因此在制作时，要细致地使每一枝花都凹凸有致地排列，注意不能过于平面化。

花材·资材

绣球花 / 百日草 / 满天星 / 大理花 / 千日红 / 天蓝尖瓣木 / 雏菊 / 非洲雏菊 / 黑种草 / 雪莉罂粟 / 胡椒浆果 / 玫瑰 / 花环藤环

住着花田的花环

方法·制作：株元昭典

在制作这件作品时，要将勿忘我的茎部尽量剪到不外露的程度，以便可以用胶水粘住花材。同时，要注意统一花朵的朝向，花材与花材之间不留缝隙，使花环看起来更漂亮。选用不易褪色的花材，以便延长观赏期是这件作品制作的关键。

花材·资材　勿忘我 / 千日红 / 月桃的果实 / 黄金球 / 永久花 / 毛茛植物

花材·资材

巴黎金合欢 / 黄金球 / 白妙菊 / 桉树叶 / 绒毛饰球花

方法·制作：hourglass 山下真美

这件垂花作品选用的是巴黎金合欢和金槌花，即便变成干花也依然色泽浓艳。维他命色使人看一眼就能变得神清气爽。这件作品像花束一样简单扎起来放在那里就很可爱，如果做成花束挂在室内也非常烘托气氛。

花蕾的妙用

方法·制作：hiromi

这件作品是作者使用家中栽培的巴黎金合欢来制作完成的。在制作时，作者尽量少用巴黎金合欢的黄色，而是充分展现花蕾的美。同时，也加入了形状相似的荠菜花，营造原生态的氛围。

花材·资材　巴黎金合欢（银叶）/ 荠菜花 / 花环底架 / 蝴蝶结 / 铁丝

巴黎金合欢和桉树叶的半个花环

方法·制作：华屋·lindenbaum

这件作品将巴黎金合欢和桉树叶随意地组合在一起制作完成。
作者希望您透过这轻盈的桉树叶感受到春天的气息。

花材·资材　藤蔓 / 巴黎金合欢 / 桉树叶

如同饰件一样令人怦然心动的花环

方法·制作：高野希 NP

这件作品营造出一种复古和童话般的氛围。作者使用铁丝将所有花材均衡地捆扎在藤环上，使得整幅作品平整紧实。在制作时，注意修剪蒲苇使其长度保持一致。

花材·资材　蒲苇 / 尾草 / 巴黎金合欢 / 勿忘我 / 克利夫兰鼠尾草 / 金槌花 / 白桂皮科 / 安道尔叶 / 非洲郁金香（银）/ 松黄凤梨 / 雪莉罂粟 / 白妙菊 / 羽毛 / 满天星（保鲜花）

巴黎金合欢和猫柳组合而成的小巧花束

方法·制作：hourglass 山下真美

这件作品只需简单地将花材捆扎便可完成。巴黎金合欢已足够迷人，因此无需其他装饰，仅加入猫柳束起便可。巴黎金合欢正当季时，最受欢迎的是将其制作成花环作品，但是做成小束的巴黎金合欢花束，再装饰在室内，或挂在墙上也非常好看。

花材·资材　巴黎金合欢 / 猫柳

盛放于大地上的自然美

方法·制作：FLOS

这件作品使用了在南非和西澳等地自然环境中生长的野花的干花制作而成。作者通过张力十足的斑克木的深红色，营造出一种生机勃勃的氛围。在制作时，花材的方向无需保持一致，让叶子呈现从上至下的流向，会显得更加自然。特征明显的斑克木烘托了绿叶的清秀。这些被烘干的美丽干花，毫不逊色于鲜花，每一片花瓣、每一片树叶都有它们自身的神韵，无论从正面还是侧面欣赏这件作品，满目看到的都是美丽的风景。

花材·资材

斑克木（绯红）/ 非洲郁金香（夏绿）/ 桉树叶（多花桉的花蕾、白叶桉）/ 旱生植物 / 山地薄荷 / 旋转藤环

沉迷于光辉四射的非洲郁金香

方法·制作：高野希 NP

这件作品拥有似冰霜一样色调的银色和蓝色，让人仅仅观赏一下便有一种清爽的感觉。蓝色是这件作品的焦点色，因此突出排列蓝色花材是这件作品制作的关键。同时，注意不需要添加绿色的叶子，简约的造型更为诱人。

花材·资材

普罗蒂亚木 / 非洲郁金香 / 蓝刺头 / 羊耳朵叶 / 绒毛饰球花 / 石南茶 / 烟树 / sutelihla/ 宿根勿忘我 / 黑种草

婀娜多姿且不乏梦幻感的、初夏限定的花环

方法·制作：中本健太

花材·资材

烟树 / 花环藤环

烟树的特点为蓬松且柔软。作者为了发挥烟树的独有魅力，只选用了烟树这一种花材。为了营造出让人情不自禁想去触摸的效果，背景使用棉麻质地的布来进行温柔地衬托。在制作时，为了将烟树的蓬松和柔媚最大限度地发挥出来，要注意不破坏花穗，动作要轻柔。做前期准备时，要将小枝的花组成小花束，再一个挨一个捆扎，形成花环的形状。要注意每份小花束的分量要均等，这样做成的圆形花环会更加漂亮。

壁挂作品：温柔的蓝色渐变极具风情

花材·资材

蓝刺头 / 石南茶 / 绒球花 / 千日红 / 黑种草 / 薰衣草 / 银香菊 / 勿忘我 / 珍珠鸡的羽毛 / 绿果（人造）

方法·制作：高野希 NP

这件作品将一些表面不光滑的植物紧紧捆扎在一起制作完成。制作时，首先在小蓝刺头的一根枝条上卷上银香菊，让其成为这件花束作品的底座，再用铁丝将材料固定于底座上，最后用胶水将花材依次粘上去。这件作品整体呈细长形，因此也可以悬挂于柱子等较狭窄的空间。

犹如果子露般的色调

方法·制作：高野希 NP

这件作品选用了一些色调柔和的花材，并且配搭水珠的羽毛和皮革，让人有一种扣人心弦的感觉。即便是同一种植物，作者也尽量挑选一些颜色较淡的来进行制作，可适量加一点点浓色来塑造焦点。

花材·资材

石南茶 / 蓝刺头 / 黑种草 / 薰衣草 / 宿根勿忘我（蓝色幻想）/ 烟树 / 桉树（银水滴）/ 蜡花 / 薰衣草 / 墨西哥羽毛草 / 蒲苇 / 珍珠鸡的羽毛

当绿色蓬勃的时候

方法·制作：hiromi

这件作品展示了初夏时节在草原上邂逅的花草。作者在配色上锁定为绿色、黄色、白色，色调较为统一。在制作这件作品时，也可以使用一些在制作干花过程中不小心脱落的花朵或花瓣。

花材·资材

荠菜花 / 纸鳞托菊 / 巴黎金合欢（珍珠、含羞草科金合欢属）/ 桉树 / 黄杨 / 金槌花 / 郁金香 / 兔尾草 / 黑种草 / 荚莲 / 枯枝框架 / 非洲雏菊

夏日里冰爽的干垂花

花材·资材

普罗蒂亚木 / 黑种草 / 蓝刺头 / 狗尾草 / 薰衣草 / 绒毛饰球花 / 松虫草 / 珍珠洋槐 / 桉树（杏仁桉）/ 红花银桦

方法·制作：高野希 NP

当您感到“夏季里鲜花的保存时间虽然很短，但还是想用什么来装扮一下”的时候，那么推荐您制作这款干花垂花。作者的这款作品选用了一些刚刚被烘干得色泽艳丽的干花制作。即便是同一种类的植物，颜色也多少有些差异，作者建议您尽可能选取一些颜色较淡的花材，这样可以营造出一种清凉的氛围。将这件作品悬挂在室内，周围的其他装饰也会给人不一样的印象。

清爽的绣球花花环

花材·资材

绣球花 / 蟹草 / 宿根勿忘我 / 酒瓶兰

方法·制作：yu-kari

这件花环作品使用的是作者自己栽培的绣球花，作品散发着蓬松柔和的气息。这件作品的主要花材是淡蓝色的绣球花。同时，为了更突出亮点，作者选用了有着漂亮的蓝色的八重绣球花。作者选用蟹草、海石竹等蓬松感强的植物进行了搭配，让这件作品更具大自然的气息。在制作时，注意要留意花环侧面的修饰，使得作品更完美可爱。

在月桂树和桉树的香气中舒缓身心

方法·制作：GREENROOMS

这件垂花作品是将在庭院中采摘的月桂树枝弯曲后制作而成。整个作品的构思确定后，再考虑以棉布蝴蝶结捆扎悬挂。制作这件作品时，要注意花材干燥之后体积会缩小，因此在制作时要加大花材的分量。

花材·资材

月桂树 / 带细叶及果实的桉树枝 / 红花银桦 / 棉石南茶 / 铁丝 / 麻绳 / 蝴蝶结

花材·资材

野蔷薇果 / 铁丝

方法·制作：GREENROOMS

这件作品选用了一些颗粒虽然很小却是熟透的大红色的果实，通过作者的巧妙设计，果实的光泽度及美艳度得到淋漓尽致地展现。纤细的枝条也是这件作品别具魅力的地方。不需要准备花环藤环，仅将野蔷薇的果实枝条切成短短的小段后扎成小束，再用铁丝穿插捆扎起来便做成了花环。

大红的着色，小小的红宝石

花材·资材

帝王花 / 针垫花 / 蒲苇 / 南蛇藤 / 非洲郁金香 / 桉树（蓝桉）/ 红花银桦 / 双面蝴蝶结 / 荷花玉兰

方法·制作：田部井健一·Blue Blue Flower

这件作品不拘泥于只使用日本当地的花材，而是以海外的野生花果为主要花材，再辅以日式花艺的精髓，最后形成了这束用于和式婚礼的极有个性和冲击力的花束。野生干花和枝条让人一眼看上去多少有些违和感，但是将帝王花的红色花瓣与南蛇藤的红色果实进行搭配，统一了整件作品的颜色，也就形成了整个作品的风格。在制作时，要控制花束的宽度，尽量向上延伸。通过这样的一些处理，不仅仅是花，服装的特点也将得到凸显。

野生干花的和风展示

如同绘画一般，自由地放置花草

方法·制作：田部井健一·Blue Blue Flower

这件作品的制作方法就是“摆放好，排列好”。作者通过一些季节性元素的展现及颜色的统一，向观众传递着一些信息。花材和花材之间的空间感处理及虚实相间的设计，衬托出花材本身的亮点。

花材·资材 针垫花 / 南蛇藤 / 秋葵 / 银桦 / 铁线莲 / 紫心木

多色相间、秋意盎然的花环

方法·制作：田部井 健一·Blue Blue Flower

这件花环作品使用了一些较有个性的植物制作而成。在制作的时候，注意不仅仅是表面，在花环的内侧和外侧也要多插花材，以便观众从上下左右任意一个角度去观赏花环，都可以看到花环很美的一面，也给人很厚实的感觉。

花材·资材　针垫花／山龙眼／绣球花／桉树果实／长角胡麻／黑莓／桉树果／桉树（四方桉、蓝桉、银叶桉）／银桦／蝎尾蕉／月桃／绒毛饰球花／棒状石松

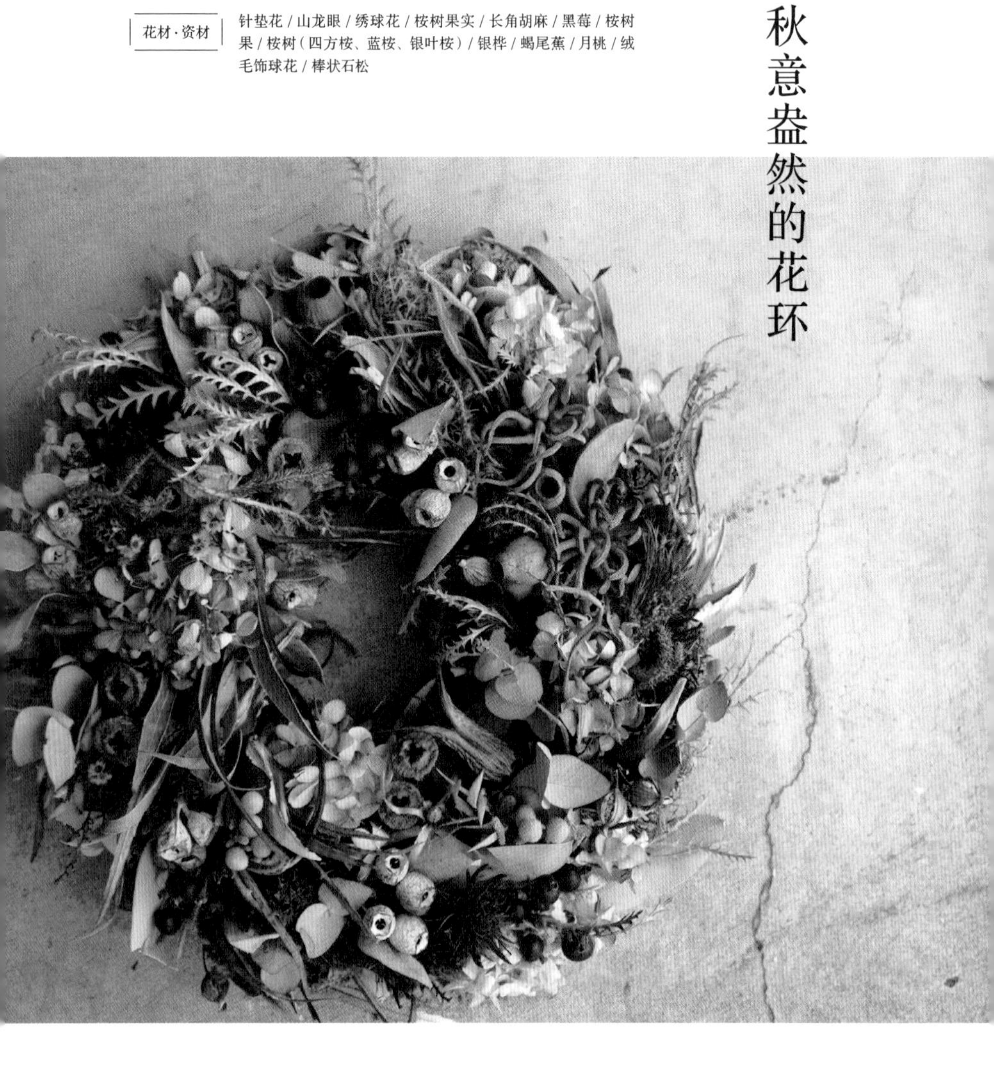

温柔守护雏鸟的花环

| 花材·资材 |

莎草 / 松红梅 / 桉树（多花桉的花蕾、四方桉、桉树果、蓝桉）/ 银桦 / 绒毛饰球花 / 胡椒浆果 / 蒲苇 / 月桃 / 核桃 / 树果 / 藤环

方法·制作·解析：中本健太

这件花环作品外形酷似一个鸟巢，看似很随意的作品，事实上作者为了使作品更接近自然美，使用了多种植物的叶子和果实，细心编制而成。为了再现一个可以保护雏鸟的松软的鸟巢，使用松红梅和莎草制作藤环。在制作时，要注意通过叶子形状各异的桉树叶、银桦叶、蒲苇来体现风的流向。为了不让棕色的树木果实给人过多死板的印象，巧妙地通过胡椒浆果、绒毛饰球花的白色来提升亮度。

季节感不鲜明的绣球花花环

方法·制作：hourglass·山下真美

这件花环作品以绣球花为主要素材，同时在花与花的缝隙间搭配小小的果实来制作完成。这件作品设计简单，充分体现了绣球花的色泽和质感。

花材·资材　绣球花 / 桉树 / 荚莲 / 绒毛饰球花

甜美且柔软的壁挂

方法・制作：大场有佳 / L'atelier du coeur

这件壁挂作品采用了一个水果糖造型的篮筐，在篮筐里聚集了圆形的松软的植物和蜂蜡香袋。山苔、苔藓等这些植物可以提升松软度，但是要适量加入，以便更好地展示花材的魅力。

花材・资材　棉花 / 矢车菊 / 勿忘我 / 桉树果 / 玻璃苣 / 苔藓 / 山苔 / 刺芹 / 银苞菊

土茯苓和野蔷薇制作的干花环

花材·资材

土茯苓 / 野蔷薇的果实 / 辣椒 / 棉花籽 / 松果

方法·制作：LILYGARDEN · keiko

这件花环作品将枝条一圈一圈地编织，最后编织为一个圆圈的造型。在编织时，注意利用藤条的自然形状，将圆圈弄得稍歪斜一点，这也是作者的一个设计处理。小刺及小枝等危险的地方使用剪刀将其剪除，根据个人的喜好，还可以加入松果。

正月里摆放的红白色相间的花环

花材·资材

土茯苓 / 野蔷薇的果实 / 辣椒 / 棉花籽 / 松果 / 红白纸绳

方法·制作：LILYGARDEN · keiko

这件花环作品如果在正月里摆放的话，使用红白纸绳制作飘带，使用铁丝将其固定。

安静的色调，诉说着花材的魅力

方法·制作：SiberiaCake

这件作品使用医药瓶配搭干花草制作完成，作者使用了象牙色及米色调的花材，从不同的角度可以欣赏到不同花材的美态。因为要放入一些蒲公英的绒毛，因此需要注意各类花材放入瓶子的顺序。或许只有玻璃瓶搭配干花的作品才可以使用如蒲公英、小茴香这类纤细的花材。

花材·资材

泥炭藓 / 木棉花果 / 蒲公英 / 胡椒浆果 / 山芋藤 / 胡萝卜花 / 小茴香 / 桉树果 / 白茅

方法·制作：笹原力

深秋时节，作者为送给好友一份红酒礼物而设计的一个造型。以晚秋色作为背景颜色，红色和棕色是主打色。制作这件作品时，要注意作品整体色彩的淡雅，要将红酒、花材、蜡烛融为一体，篮筐里的物品要多装一些，这样会显得更有生机。最后，要注意物品之间的高低层次感。

花材·资材

玫瑰 / 松果 / 石榴 / 鸡冠花 / 红叶 / 核桃 / 橡子 / 树木果实 / 枫香树果实 / 篮筐 / 蜡烛 / 红酒

和花一起收到的令人开心的礼物

高贵典雅的花束

方法・制作：山下真美・hourglass

这件花束作品是干花搭配满天星的保鲜花和羽毛制作而成。花材按螺旋状插入，羽毛使用胶水粘上。仅仅使用干花会让人感觉有些单调，因此搭配上了一些保鲜花。这件作品让我们感受到无论是干花还是保鲜花，都是花儿生命的存在方式。

| 花材・资材 | 白雏菊 / 兔尾草 / 满天星 / 羽毛

也有这样构思的造型

方法·制作·解析：高野希 NP

这是让人过目不忘的一件流苏作品。看起来像装饰品一样，又像是一个叫不出名字的生物。这件作品可以挂在墙上，也可以从天花板上吊下来，有很多种装饰的方法。在带刺丝瓜上粘贴其他花材的时候，要将丝瓜上的刺去掉。制作时，用毛线穿上绒球花果实，注意从果梗部位开始穿的话，容易裂开。

花材·资材

蒲苇 / 带刺丝瓜 / 合田草 / 绒球花果实 / 毛线

去寻找森林里的宝物

方法·制作·解析：高野希 NP

冬季的森林特别安静。太阳从树叶间照射下来，经过反射，植物变换着不同的姿态，光芒四射。作者想将这样的森林悄悄地做成标本。在制作时，要将玻璃瓶稍稍倾斜，慢慢注入一些油，以免植物绒毛脱落下来。制作这类容易飘浮的植物作品的关键是，不要让绒毛粘在一起。

花材·资材

仙人草 / 山萆薢 / 圆锥八仙花

方法·制作·解析：高野希 NP

这件作品里的帝王花和木百合就像被冻住一样，其光泽闪闪发光。植物即便被烘干，它的美也完全不会改变，仍然可以感受到它的存在。在制作的时候，要使用铁丝将帝王花和木百合紧紧固定住，在结束的时候，要将木百合的叶子均衡地粘贴，遮住末端的铁丝头，这也是完美地完成作品的一个诀窍。

花材·资材

帝王花 / 木百合 / 绒毛饰球花 / 石南茶 / 银桦 / 蒲苇 / 银蕨

严冬里被冰冻的花环

披着白霜的美轮美奂的植物

方法·制作·解析：高野希 NP

清晨，一个闪着耀眼白光的世界。这件作品使用干花再现了挂着白霜的植物的美妙姿态。这件作品里的一个亮点是闪着银光的木百合的叶子。制作时，注意使用剪刀整理完叶子的大小和形状后再进行搭配。

花材·资材

木百合 / 石南茶 / 星花轮峰菊 / 柏·绣球 / 新娘花 / 莲藕 / 垂柳 / 桉树（四方桉、桉树果、多花桉的花蕾）/ 绒球花 / 银桦 / 安道尔叶 / 宿根勿忘我 / 蒲苇

适合装饰室内的小花环

花材·资材

月桃 / 桉树（果实、毛叶桉、四方桉、蓝桉）/ 千日红 / 胡椒浆果 / 土茯苓 / 绒球花 / 黑种草 / 斯特林基亚 / 落叶松果 / 绒球花果实 / 兔尾草 / 冰岛苔藓（保鲜花）/ 猕猴桃的藤

方法·制作·解析：高野希 NP

小小的花环可以装饰在浴室、厨房及工作间等不同的室内场所。选择一个自己喜欢的大小的圆形藤环，用胶枪将花材一个一个装上去。一些细致的手工活，可以使用小钳子进行操作。制作完成后，要注意从花环的上面和侧面都看不到胶水。

一份不起眼的小礼物上搭配一份小花束

花材·资材

麦秆菊 / 胡椒浆果 / 星花轮峰菊 / 木百合（紫色的宝石）/ 雪莉罂粟 / 合田草 / 绒球花 / 蒲苇 / 宿根勿忘我 / 兔尾草 / 银桦

方法·制作·解析：高野希 NP

这件作品使用白色的植物，给人营造一种很自然的氛围。胡椒浆果的果柄容易折断，麦秆菊的头部不容易固定，因此，在捆扎时，注意要用铁丝、胶水或花色胶带将它们固定。最后使用灰色的缎带捆扎所有花材，给人一种很柔和的感觉。

方法·制作·解析：茺金有衣

这件作品是一个以圣诞节为主题的蜡烛花饰。作者选择了一个古董式的蜡烛台，然后在烛台上装扮了一个从前后左右四个方向欣赏都很美的圆鼓鼓的花形。

花材·资材

海桐 / 针叶树 / 桉树 / 荚莲 / 绒毛饰球花

圣诞节蜡烛的装扮

让您嗅觉和味觉充分享受的花环

方法·制作·解析：toccorri

这个花环作品使用树木的种子及香料制作，隐约散发着大自然赐予我们的香味。使用珠子和铁丝将树木的种子及香料编织成一个圆环，再将布花及花材一个一个粘上，便可完成一幅很有个性的作品。八角、丁香及肉桂被打扮成了和平日厨房里看不到的模样。在制作时，注意所有的花材使用铁丝加固，在留意整个花环对称的同时，做成一个圆弧的形状。

花材·资材

保鲜花（羽叶花柏、孔雀桧叶、蓝冰柏）/ 雪松 / 木麻黄 / 棉花果实 / 山毛榉 / 夜叉五倍子 / 水杉 / 八角 / 桂皮 / 丁香 / 香草球 / 甜香罗勒 / 白芥子 / 罂粟的种子 / 布花（玫瑰）/ 丝带（2 种）/ 珠子 / 铁丝

方法·制作·解析：高野希 NP

盒子里装满了土茯苓的果实，打开盒盖，肉桂、橙子和针叶树的香味迎面扑来，就像是打开蛋糕盒时的那份雀跃的心情。这件作品，从圣诞节到春节，可以欣赏很长一段时间。在制作时，注意使用带有果实的土茯苓，效果会特别好。根据选材的不同，土茯苓的果实大小及色彩会有些微妙的不同，因此，我们还可以欣赏到花环的高低不平及色彩渐变的效果。

花材·资材

土茯苓 / 橙子 / 肉桂 / 松果 / 针叶树 / 藤环 / 花环铁丝

到店必点商品——土茯苓花环

棉花上的刺绣

方法·制作·解析：高野希 NP

这是一件在严寒的冬日，可以温暖您内心的作品。柔软的质感配合温柔的色泽，看起来特别可爱。制作时，注意将棉花揉成团，编入藤环里。揉棉花的一个要领就是在棉团里裹上棉毛水苏和棉壳。

花材·资材

棉花／雪叶莲／棉毛水苏

严冬里的白色花环

方法·制作·解析：莞金有衣

似戚风蛋糕一般松软是这件干花花环作品的特征。为了使花环显得更丰满，先放入满天星的花蕾，再放入盛开的满天星。鲜花干燥后，就会变小，因此尽量多放入一些。之后撒上玻璃苣，尽量少撒一些。最后系上奢华的飘带，这幅作品也适用于婚礼上的欢迎花环或礼物。

花材·资材　银苞菊／麟托菊／绒球花／白胡椒／勿忘我

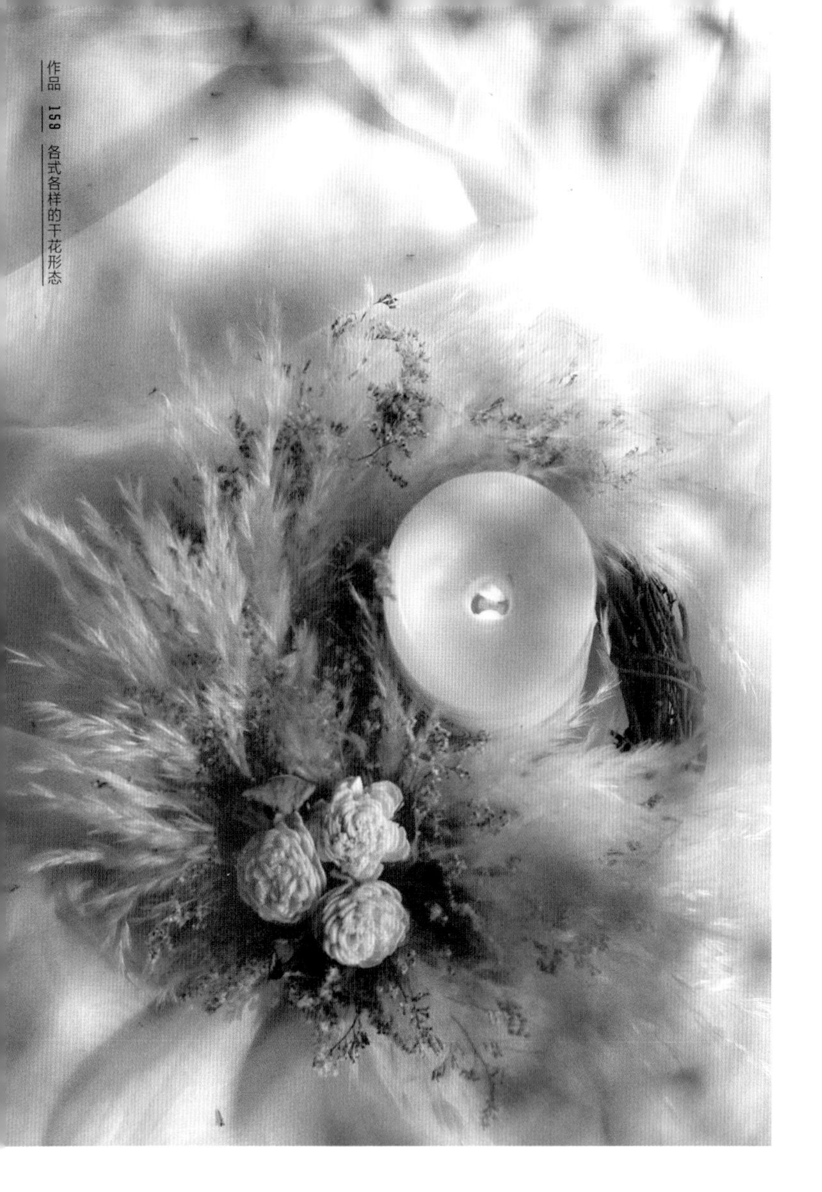

季节感满满的蜡烛花环

花材·资材

蒲苇／宿根勿忘我（蓝色幻想）／加拿大一枝黄花／木雕花朵／玫瑰叶／藤环

方法·制作：Lee

这件蜡烛花环作品给人一种柔软、华丽的感觉。使用铁丝将蒲苇捆扎成小束后，固定到藤环的上下部位，注意上下侧的均衡对称。蜡烛对面的蒲苇要比蜡烛上下侧的蒲苇略高一些，作者通过这样的设计，让您从正面观赏的时候，也会感受到作品的立体感和动感。实物蜡烛有可能会燃烧蒲苇，因此推荐使用 LED 蜡烛。

干花创作灵感的碰撞

植物生活

——

个人篇

本章将介绍在本书里出现的各位花艺师，
以及他们各自开展的活动和灵感来源。

（先后顺序不同于页面顺序）

春雨

头发和珍珠

A harusame

人物简介：我这位帽子作家拥有 15 年的插花经历，还经营着一家花店，每天享受着植物带来的美好时光。我开始这份事业不过才 3 年，目前正在策划未来的扩大计划。因为我感觉还未全部掌握经营的诀窍，因此现在每天尽可能多地投入精力学习。

创意小贴士：近似让人目瞪口呆的对于追星的狂热，保持对各种风格的美艳、幽默和美味的追求的心态，是我的创作之源。

绿色房子

莞井典子

Noriko Arai

人物简介：我从学生时代开始学习花艺，目前在自己的家里开设工作室，接受保鲜花、人造花的定制订单，并开展花艺相关的课程。我曾荣获植物生活植物标本摄影大赛优秀奖和植物生活绿色设计摄影大赛优秀奖。

创意小贴士：我在接受定制订单时，会详细地向客户询问使用场景、人、用途及喜好等，也很重视及时和客户分享自己的构思。一旦构思确定，无论是驾驶的途中，还是购物、做饭或是睡觉的时候，我的脑海里总是会不停地思考设计的事情，很多时候会从花材本身去考虑整个造型的设计。

荒金有衣

Yui Aragane

人物简介：最初因为个人爱好，我开始学习花艺，今年已是第9个年头。我是工作室位于东京西荻洼的 La hortensia azul 老师的学生。在花艺中，我特别喜欢制作花环，在花架上不断地将花插入，渐渐变成一个弧形，这个制作过程总是让我很感动。

创意小贴士：我一般是跟着感觉在花架上插花，在用心插花的过程中，灵感会不断地浮现在眼前。我在做花艺的时候，有一种在建造一个小小的庭园的感觉。

zuncharo

zuncharo

人物简介：我是在职业学校学习的花艺，希望未来有一家自己的花店。为了这个理想，目前在花卉市场锻炼自己。我曾荣获植物生活摄影奖干燥花造型优秀奖。

创意小贴士：创作一些个人感觉可爱的作品。

s-sense-candles

s-sense-candles

人物简介：我是流行学园 * 的一名蜡烛课程的授课讲师，同时也是一名色彩搭配师。我居住在欧洲期间，接触到了使用人们生活中经常可以接触的蜡烛制作的艺术品，从此便热衷于蜡烛艺术的制作。人们可以触摸温热的蜡烛，可以享受蜡烛的香味及色彩，还可以围绕蜡烛制作一些花艺。为了让更多的人们体验到蜡烛艺术所带来的五官的愉悦，我开办了蜡烛课堂。

创意小贴士：在每天的生活中，如果将目光停留在让你留恋不已的物品上，想必你的内心会变得更加充实。我平常在创作时，会经常看一些身边的物品，想象一下花材装饰的场景，及赠送对方礼物时的感受等。我相信灵感的启示来自自己的日常生活中。

* 流利学园的日本名为 voguegakuen，是一家提供手工艺课程的文化学校（译者注）。

大木 靖子

大木靖子花卉设计

Yasuko Oki

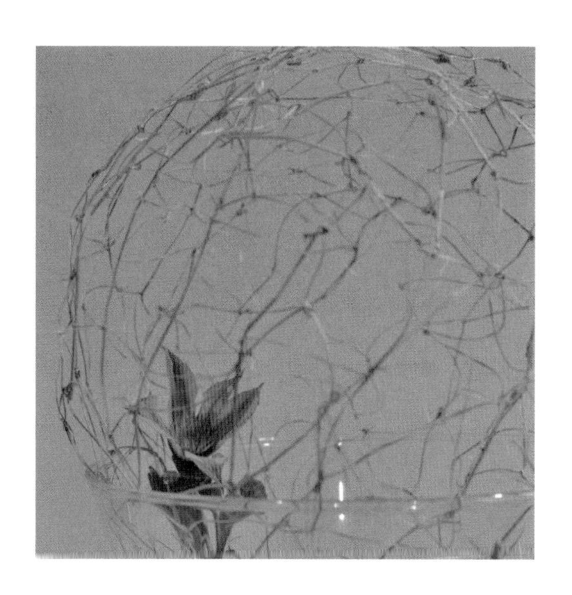

人物简介：我目前居住在挪威奥斯陆，有时会在欧洲举办花艺交流会，有时会在挪威举办茶道的交流会及品茗会，有时也会安排一些以赏花为主旨的研修旅游。平常，我会将自己的作品发表在媒体上。我目前是德国国家认定的花艺师、MAMI 花卉设计学校讲师、表千家讲师、日诺协会理事。

创意小贴士：我经常会被自然界的美而感动，这个时候我喜欢借助植物来表达我内心的那份感动。例如，为了表达让人心情愉悦的柔风，我会去寻找一些柔软的植物。同时我也会在充分考虑作品的构成、形态、颜色、技巧、容器有无及作品的背景的基础上，再开始进行创作。

大场 由佳

L'atelier du coeur

Yuka Oba

人物简介：我的花艺制作主要以花为中心素材，同时也会加上一些精油。这样的作品会让您的五官都能感受到天然植物所赐予的美好。在赏心悦目的同时，精油的香味也会为你疗伤，这样“有花有芬香的生活”由 L'ateller du coeur 创作。我曾在花之梦想 · IFE 保鲜花大赛中多票入选，曾获植物生活植物标本摄影大赛优秀奖。

创意小贴士：我认为首先要发现每个素材本身的特点，之后再将一些漂亮或赏心悦目的花材搭配在一起。从图像及杂志上所获取的一些灵感也会反映到我的作品上。

株元 昭典

frostcraft

Akinori Kabumoto

人物简介：我现居住在长崎县。我是从 2017 年开始正式进行干花创作的，刚开始的时候是从天然干花制作开始着手的，之后，我利用之前做过技师的经验，使用真空冷冻干燥机大量生产冷冻干花。2018 年我的干花专营店“frostcraft（冷冻工艺）”开门营业，主要经营花材的销售和花环、花束的制作等。

创意小贴士：我习惯于看花材的时候，在脑中构思整幅作品。因此，我会尽量准备多一些品种的花材。我家店所有的花束及花环都是基于客户的订单来定制的，因此我们一般会在和客户沟通的过程中，结合花材本身的特点，来构思整幅作品。

Charis Color 前田悠衣

Yui Maeda

人物简介：我们使用色彩心理学及个人颜色诊断等方法，为客户个人定制全世界独一无二的花艺及花束商品。我们曾按照本田技研工业股份公司的创始人本田宗一朗先生的构思，为他定制了一份花艺作品，目前收藏在宗一朗先生的书房。现在，我们为支持地方发展政策的落实，在开展一些教孩子们练习花艺的活动，培养花艺相关的人才。

创意小贴士：我的创作灵感来源于电影、电视剧、漫画、美术鉴赏，以及和客户之间的对话。

菅野 彩子

Fleursbleues/Coloriage

Ayako Kanno

人物简介： 我们使用保鲜花、保鲜绿色植物及干花制作的“由花篮点缀的每一天”作品，目前正在接受订单。Fleursbleues/Coloriage（法语）里的 Fleursbleues 是“蓝色的花”的意思,Coloriage 是“上色”或“给线条画上颜色”的意思。我们是否可以将“谢谢”及“道喜”这样的温暖祝福以花卉作品的形式来表达，为自己及重要的人的日常生活增添温柔的色彩，让大家总是面带微笑呢?出于这样的考虑，我取了这样一个名字。

创意小贴士： 在旅途中遇见的风景、五彩缤纷的糖果、被万人慕名前来欣赏的美术馆绘画、古董壁画、印象里美好的事物都可以成为我灵感创作的来源。

黑田 望

Nozomi Kuroda

人物简介：小的时候，受母亲的影响，我经常接触到花卉。从文化服装学院毕业后，我去了伦敦留学，在那里的一年，我一边学习语言，一边全身心钻研我热爱的美术和摄影。现在我是一位平面设计师，工作之余，我也在坚持进行我喜爱的饰品及干花的创作。

创意小贴士：平常步行于街道时，我经常会左看右看，看看有没有什么新的发现。和他人交流的过程中，我会获得一些灵感，电影的某个场景也会给我很多启示。

Koko

koko

人物简介： 我每天会在照片墙及植物生活的网页发表一些花和器皿的平面作品，也会制作一些企业广告，使用干花制作的产品非常有人气。

创意小贴士： 我的老公是一位插花艺人，他使用时令鲜花制作的插花作品激发了我的灵感，帮助我构建了一个似童话一样的世界观。我通过花材的搭配，来表现“秘密彩虹小道“这样的一个概念。

堺海

hwlife

Kai Sakai

人物简介：我是克莱尔（clair）一般社团法人自治体国际化协会认定学校和 hwlife 家庭沙龙的经营者兼花艺设计师。我在东京都东大和市周边的区域，开设植物标本和花艺的课程。

创意小贴士：我理想的设计理念是“您看它第一眼就觉得它很可爱”“不拘泥于固定观念地使用自由的颜色”。

笹原 Riki

My Fair Lady 花艺工作室

Riki Sasahara

人物简介：My Fair Lady 花艺工作室位于东京自由之丘，目前我负责这家店的管理工作。我们花艺课程的主旨是“制作可以成为馈赠礼物的作品”。我在公司上班的时候，因为兴趣爱好，开始了花艺的学习，之后我去伦敦留学，学习花艺和室内装饰。留学期间，我在英国王室御用花店、皇室御用五星级酒店内经营的花店实习。

创意小贴士：很多时候，我在街道看到的时装、料理、室内装饰、艺术品等的色彩搭配都会激发我的创作灵感。另外，我也会通过阅读国外的杂志，来扩宽我的创作视野。

小原 绘里子

Siberia Cake

Eriko Ohara

人物简介：2001 年，我开设了制作天然植物干花花环及花艺的网页，上传一些侧重植物的颜色和形态的作品，目前我们只通过线上营销，未开设实体店。

创意小贴士：我的设计灵感来源于天然的造型和海外的室内装饰。

铃木 由香里

yu-kari

人物简介：在我家小小的庭园里，种植着我非常喜欢的绣球花和桉树。为了可以长时间欣赏自己精心种植的花儿们，我将它们做成干花，然后做成花环或花束。为了更贴近平常的生活，在制作作品的时候，我会注意使用柔和的色调来营造一份天然的气氛。

创意小贴士：我家的小花园，一个装满我喜欢的花朵的小花园，为我的生活增添色彩。

濑川 实季

MIKI

Miki Segawa

人物简介：我是一名大学生，目前在位于东京都的一家花店做小时工。我在大学学的是庭园设计，而我个人比较喜欢干花制作。我希望通过花艺，来点缀每个人的生活。带着这样一份初衷，我做着每天的工作。感谢在日常生活中传授我许多经验的客户和同事们。

创意小贴士：我的创作灵感来自日常生活中接触到的一切事物。打零工、学生生活、和家里人一起时的交谈，以及平常看到的风景、学到的知识都可以成为我作品的素材。

高瀬 今日子

kyoko29kyokolily

Kyoko Takase

人物简介：我是N花艺设计教室的国际专职讲师，从插花到花艺，涉及的面很宽泛。我在 Instagram 上会发布一些花和咖啡的照片。

创意小贴士：我希望可以挖掘花材美丽和可爱的地方。在我日常的制作中都贯彻着这个初衷。在美术馆、歌舞伎及旅途中遇见的美景美物，不仅让我感动，还会成为我创作的灵感之源。

高野希 NP

NP

Nozomi Takano

人物简介：2008 年，我留学英国，学习语言学和花艺设计。2015 年我回到日本结婚后，移居日本长野。在英国留学期间，我接触到了只有在英国才可以看到的多样人种及文化，再加上长野县美丽的自然风光的陶冶，使得我的作品就像是在讲述某个地方的故事。在日常的制作时，我也特别留意这一点。被植物这个有生命力的艺术品所感动会成为所有创作的开始。

创意小贴士：我无法用一句话来表达我的创作来源。被自然界的一些事物，如艺术品、音乐、时装及首饰品等所感动的时候，会成为我创作灵感的来源。

田部井 健一

Blue Blue Flower

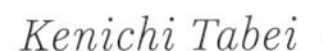

人物简介：我经营的花店“Blue Blue Flower（蓝色的花）“位于爱知县岗崎市，我的代表作为“EARTH COLORS（大地颜色）”。我在东京的一家花店工作了一段时间后，去了一家婚庆公司的花艺部门做管理工作。2017 年我从公司辞职，开始经营自己的花店。花店主要供应婚庆花束类产品，但是由于干花作品的粉丝很多，也会接受一些礼物类或展示类的订单。我的作品曾荣获植物生活 BOTANICAL PHOTO AWARD(植物摄影奖) 的优秀奖。

创意小贴士：我喜欢用一种自由的心态来面对素材。在面对花材时，不仅要关注它们的形态和颜色，还要关注它们的质感、弯曲度、侧影、背影及其枯萎的过程。如果我们以一种更灵活的心态来看待素材的话，作品就会有更出彩的表现。

toccorri

toccorri

人物简介：从 2017 年开始，我成为一名花环作家，发表了一些作品。现在我会面向手工制作的网页及宣传活动，销售花环及胸花，还会举办一些不定期的交流会。我曾获得植物生活花环摄影大赛优秀奖、植物生活植物摄影奖项·白色设计优秀奖。

创意小贴士：身边所有的物品都会给予我创作的灵感，如一些特定的花或树木的果实、一见钟情的飘带、孩子们穿着的洋装的颜色、变换的季节等。我会首先将这些灵感因子赋予主角的身份，再考虑一些配角花材及颜色搭配，最终固化整幅作品的构思。

野泽 史奈

Fumina Nozawa

人物简介：我曾获得植物生活摄影奖项·干花设计优秀奖、植物生活植物摄影奖项·白色设计优秀奖。

创意小贴士：我的创作灵感来自自然风景、日常生活、相片及时尚杂志。

HISAKO

FLOWER-DECO.Brilliant

HISAKO

人物简介：我在一家有名的大型酒店做婚庆花艺协调经理之后，在一家花店工作了一段时间。目前是一名自营业主，现在面向札幌、大阪的企业批售全系列花艺商品。

创意小贴士：通过一些自问自答来启发灵感，如自己想得到的东西是什么？在什么样的地方？以什么样的方式去展示？还会通过阅读室内装饰杂志来挖掘灵感，丰富作品的构思。

hiromi

hiromi

人物简介：当我还在唱片公司上班的某一天，一个念头闪于脑海，如何向人们传递什么是“有花的生活”呢？在这个的念头的驱动下，我开启了花艺师的职业生涯。我喜欢使用天然的花草、花蕾及藤蔓植物制作，因柔软的风格及独有的作品视角，我的作品深受客户的欢迎。我的订单完全靠老客户带新客户，即便这样，还需要等待 3 个月才可以排单。我的作品曾多次荣获植物生活摄影大赛的奖项及其他类型的奖项。

创意小贴士：道路两旁盛开的花草、容器、杂货、室内装饰、时装等日常遇见的让我心动的物品，都会成为我灵感的来源。现在每天都在享受着花儿带来的“用花点缀生活、用花疗伤、因花喜悦”的生活。

深川 瑞树

hana.mizuki

Mizuki Fukagawa

人物简介：将人们的心情、内心情感托付给花朵。我在佐贺县佐贺市一直从事着花艺相关的工作，无论是争相斗艳的花，还是即将枯萎的花，我都会用心去享受花艺带来的快乐。

创意小贴士：因花而结识了许多朋友，她们的各种思考方法、感觉都会成为我的灵感之源。在不停地欣赏千姿百态的花儿的过程中，作品的故事构思便浮于眼前。自己眼睛观察到的景色及自己的各种体验也会带来创作的灵感。

FLOS

FLOS

人物简介：我从高中时代开始学习插花，和花艺结下了不解之缘。2014 年，我开始正式代理销售干花花环及保鲜花花环。现在的我，一边照顾两个孩子，一边在环境恬静的家里，进行花艺创作。

创意小贴士：根据自己过去积累的经验、客户及使用场所的需求来进行创作。

真木 香织

华屋 · lindenbaum

maki kaori

人物简介：我在东京的一家花店工作十余年，掌握了插花技术。之后，回到我的家乡——山形县，在一家花店工作了一段时间后，我开设了“华屋 · lindenbaum”花店，希望更多的人可以感受到插花的快乐，花草可以点缀人们的生活。目前我家花店总部位于山形县，面向日本东北地区及东京都举办花艺交流会，并销售插花作品。

创意小贴士：在每天的生活中，看到的山山水水、身边交往的人们都给予了我很多灵感，我希望将我的作品传递给更多的人。每次想到购买我的插花作品的赠送人和受赠人在看到我的作品时的惊喜表情，我就特别地开心，也多了许多创作的激情。

mayu32fd 高桥兰

Mayu Takahashi

人物简介：我是一名平面设计师。从多摩美术大学设计专业毕业后，就职于设计制作公司。2005 年开始我在一个插花艺人经营的插花学校学习插花，并取得了资格证书。2012 年在西荻洼“美术馆 MAMD”举办个展。现在我在一家花店举办的插花学习班学习，同时会在媒体上刊登一些个人插花作品。

创意小贴士：只要自己认为美丽或有意思的事物都可以成为我的创作灵感。它或是道路两旁茂盛的花草，或是沿途看到的风景，或是一幅画一个视频，抑或是谁不经意间说的一句话。

三木 步

Ayumi Miki

人物简介：我出生于兵库县，2009 年毕业于爱知县陶瓷技术专业学校。2012 年在多治见市陶瓷设计研究所研修，并在多治见市开始进行一些写作活动。2013 年将活动的地点转移到兵库县，目前在神户市区制作陶瓷。

创意小贴士：制作一些拥有柔和的形状及质感的，让您感到温暖的作品。珍惜爱护每一个手工艺创作。

八木 香保里

Kahori Yagi

人物简介：我于 1974 年出生于京都府。我的摄影作品题材集中在日常生活中观察到的景色、人物、动植物。我主要在自己的生活圈子里进行拍摄，因此我的很多作品反映了我现在居住的街道及我的故乡——京都府市区的一些景物。目前我居住在东京。

创意小贴士：当我接纳自己包括喜怒哀乐在内的所有的情感之后，创作的灵感就会不断涌现。

山下 真美

hourglass

Mami Yamashita

人物简介：我在花店及插花学校上班的时候，利用课余时间取得了插花技术及设计师的资格证书。目前我的工作主要是制作教堂婚礼花束，同时也接受私人定制，还在咖啡店举办一日插花课程。

创意小贴士：我希望自己的作品更加简洁、更加自然。也希望自己的作品可以融入日常生活中，更贴近我自己的风格。

山本 雅子

honoka

Masako Yamamoto

人物简介：我出生于山口县光市，因为奶奶是一位插花老师，因此我在很小的时候就开始接触自然和花卉。我在一家大型出版社和家乡的一家电脑配套公司做了一段时间的白领之后，结识了一位市中心花店的老板，在他的花店锻炼了 9 年。之后，我出来创业，现在一个人经营着“honoka”花店。

创意小贴士：我幼年时期生活的地方——我的家乡山口县的自然风光，给我的创作带来很大的影响。我的兴趣爱好是参拜佛像。在花店锻炼期间，我看到了许多体裁的作品，学习了多维的思考方式。和花在一起的日子，内心也会变得更加丰满。

Lee

我爱生命

Lee

人物简介：我在神户一条看见海的街道，经营着一家芳香沙龙。每天生活在充满香料、香草、花、植物的生活里，也希望将自然和美花带给更多的人，慰藉大家的心灵。在这样一个愿望的强烈驱使下，我开始销售花环。我希望我的作品装饰在人们的房间里，内心可以得到温柔的抚慰。

创意小贴士：我喜欢温柔的颜色、可爱的颜色、有品位的颜色。我希望可以感受到客户内心的颜色，并且用作品将其展现。

riemizumoto

riemizumoto

人物简介：我从美国留学归国后，在酒店工作了一段时间。有一天，当我看到酒店里装饰的圣诞节花束时，内心非常感动。从那时起，我开始学习花艺设计。2006 年开始，我面向位于金泽市和东京都两个城市的外资酒店、宾馆、餐厅，宣传推广花艺作品，以积累经验。2014 年我独立创业，在石川县金泽市构建了主题为“留在人们记忆中的人与自然的空间”。

创意小贴士：我会观察一些的植物独有的质感和形状，并创作一些将这些植物的独有个性发挥到极限的作品。

LILYGARDEN

LILYGARDEN

人物简介：我于2013年在川崎创办了“LILYGARDEN”花艺学校，之后，将学校移址到田园调布。2015年，我开始在横滨元町附近举办花艺课程。另外，还接受婚礼花束及赠送花束的订单，面向沙龙或餐饮店等店铺销售花艺作品。LILYGARDEN学校的一大特色是，我们的作品使用自己从海外采购的飘带。我曾获得植物生活植物标本摄影大赛优秀奖。

创意小贴士：使用材质考究、颜色亮丽的飘带来装饰花束，花和飘带相得益彰，更加亮丽多彩。

Le Fleuron 中本健太

Le Fleuron

人物简介：我每天过着与植物相伴，装饰着花卉的日子。我希望向大家传递使用任何语言也无法表达的花和植物的魅力。我现在居住在广岛县，没有经营自己的店铺，只想做一些创作的工作。我满脑子想的都是花和植物的事情，我愿意花更多的时间进行创作。用心细致地完成我的作品。

创意小贴士：当我感到自然就在我身旁时，当我抚摸泥土和草，步行于山川之间，眺望日月星辰，听那风的声音，看那雨雪的妙姿……当我感到自己和自然已经融为一体的时候，创作的灵感就会油然而生。

鹫尾 明子

flower atelier Sai Sai Ka

Akiko Washio

人物简介：母亲喜爱庭院，因此从小我生活在被植物围绕的环境里。我在大学系统地学习了植物相关的知识，毕业后从事园艺工作。在有了自己的孩子后，我取得了花艺资格证书。2015 年在冈山市开了一家自己的花店（兼工作室）。近年来，我的花店开始染色加工保鲜花，面向店铺及音乐会等场所提供空间装饰业务。

创意小贴士：我习惯从植物素材自身拥有的颜色和质感来构建作品的思想。我这次的作品主题，是基于我本人比较喜欢的一首音乐的歌词和音色来构思的。

植物生活是什么？

what's about

我们是一个介绍植物信息的网站。我们想传递的理念是
“我们日常生活中的植物总是相伴在我们身边”。

我们网站刊登了专家们精彩的短评及花艺设计相关的记事。另外，我们从全国择优刊登了一些花店的介绍，想必在这里您可以找到您喜欢的花店。无论您从事什么工作，只要是您自己栽培的植物或自己创作的花艺作品，都可以向我们网站投稿。另外，我们还设立了各种类型的竞赛和花艺相关的咨询室，欢迎您的参与。在我们的商店，还销售礼物花束、定期快递花束、人气作家的商品及原创作品，我们期待着您的光临。

https://shokubutsuseikatsu.jp

内 容 提 要

干燥花可以使人感受到时光变迁的痕迹。近年来，越来越多的人喜欢尝试将植物制作成干燥花。随着花型设计的范围不断延伸，如同插鲜花一样，干燥花也出现了丰富的设计方法。

本书围绕干燥花的插花方法为主线，详细地介绍了干燥花的制作方法及制作流程。书中的案例汇集了37位花店经营者、设计师、艺术家分享的设计及富有创意的想法。本书分为技巧篇、原创篇和个人篇，在讲解干燥花操作方法的基础上，又详细列举了159例令人怦然心动的干燥花设计实例，适合花艺师及花艺爱好者阅读参考。

图书在版编目（CIP）数据

怦然心动！干燥花设计与制作 / 日本植物生活编辑部编；吴璐夙译．—北京：中国电力出版社，2022.4
ISBN 978-7-5198-6496-5

Ⅰ．①怦…　Ⅱ．①日…　②吴…　Ⅲ．①干燥－花卉－制作　Ⅳ．①TS938.99

中国版本图书馆CIP数据核字（2022）第017716号

版权登记号：01-2022-0180

DRY FLOWER NO IKEATA edited by Shokubutsu Seikatsu Henshubu

Original Japanese edition published by Seibundo Shinkosha Publishing Co., Ltd.

This Simplified Chinese language edition published by arrangement with Seibundo Shinkosha Publishing Co., Ltd., Tokyo in care of Tuttle-Mori Agency, Inc., Tokyo through Inbooker Culture Development (Beijing) Co., Ltd., Beijing.

出版发行：中国电力出版社
地　　址：北京市东城区北京站西街19号（邮政编码100005）
网　　址：http://www.cepp.sgcc.com.cn
责任编辑：曹　巍　（010-63412609）
责任校对：黄　蓓　李　楠
装帧设计：唯佳文化
责任印制：杨晓东

印　　刷：北京博海升彩色印刷有限公司
版　　次：2022年4月第一版
印　　次：2022年4月北京第一次印刷
开　　本：889毫米×1194毫米　32开本
印　　张：7
字　　数：159千字
定　　价：48.00元